这里有治愈你嫉妒心的胶囊哦。

The Jealousy Cure

Learn to Trust, Overcome Possessiveness,
and Save Your Relationship

为什么
嫉妒使你面目全非

罗伯特·L. 莱希（Robert L. Leahy）◎著

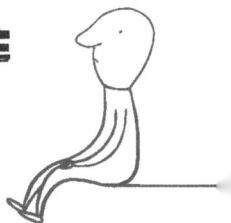

朱倩倩◎译

ZHEJIANG UNIVERSITY PRESS
浙江大学出版社

作为心理学领域的领军人物，罗伯特·莱希（Robert Leahy）在这本书中阐明了爱情中普遍存在的嫉妒心理会给人带来怎样复杂的负担。同时，他也提出了许多明确、具体、实际的方法，为读者摆脱这一思想和感情的风暴指明了方向。这是迄今为止我所读过最好的有关嫉妒的自助读物。

——里德·威尔逊（Reid Wilson）

《克服焦虑》（*Stepping the Noise in Your Head*）作者

你是否曾受到嫉妒的困扰？嫉妒是否影响了你的人际关系？你是否因嫉妒而感到身心俱疲？你是否希望减轻自己的痛苦？如果以上问题你的答案都是肯定的，那么这本书对你而言再适合不过了！罗伯特·莱希在书中向我们阐明了嫉妒产生的原因，他将这种强烈的情绪正常化，解释了嫉妒如何控制我们的情绪和想法。同时，他在书中详细地提出了一系列处理嫉妒的方法与策略，教导读者如何消除嫉妒的想法，摆脱无益的行为，以解决嫉妒在人际关系中引起的诸多问题。这本书不仅将帮助到那些心怀嫉妒的人，也将使那些嫉妒的受害者有所启发。不论是作为一本独立著作还是心理治疗的辅助读物，《为什么嫉妒使你面目全非》都是一本非常有趣的书（即使你没有嫉妒的问题）。最重要的是，它为那些需要改善关系的夫妻提供了重要的参考。

——朱迪·贝克（Judith S. Beck）

贝克认知行为治疗研究所主席

在《为什么嫉妒使你面目全非》这本书中，罗伯特·莱希博士为读者全面剖析了嫉妒心理，通过一系列有趣的互动，帮助读者更清晰地认识并且理解自己的嫉妒心理。基于认知行为疗法（CBT）的实践验证原则，莱希博士带领读者一步步疏导自身的嫉妒心理，从而减少嫉妒带来的问题以及种种身心折磨。本书信息量庞大，内容专业，将成为临床实践和个人应对嫉妒心理的宝贵资源。

——莱斯利·斯科（Leslie Sokol）

《如何帮助孩子自信思考》作者之一

在这本最新的著作中，著名的心理学家兼《治疗焦虑》一书的作者罗伯特·莱希博士对嫉妒进行了透彻、新颖的分析。嫉妒一直以来都被认为是有高度破坏性的情绪之一。基于作者几十年的心理治疗经验以及对认知行为疗法的深入研究，这本实用的治疗手册为情绪治疗提供了诸多宝贵价值，解放了嫉妒患者的自欺欺人以及其他情绪困扰。本书观点鲜明，情感丰富细腻，直击心灵，对陷入嫉妒漩涡的夫妻来说，此书应是必读之物。

——大卫·克拉克（David A. Clark）

加拿大新布伦瑞克大学荣誉教授

《焦虑应对》作者，《焦虑手册》作者之一

推荐序

The
Jealousy
Cure

Learn to Trust,
Overcome Possessiveness, and
Save Your Relationship

　　自弗洛伊德开始探寻达尔文进化论中所包含的心理学意义起，人类便不断发现自身进化过程中阴暗的一面。人类的发展其实是一个不断自我斗争的过程，我们既能够容忍暴力，但又有一定的同情心。人类一切最基本的动机都是为了确保基因的生存与复制。人际竞争亦是如此，包括争夺资源，甚至是性（生殖）机会。一系列的动机过程便由此产生，包括自恋、精神病态、自我竞争、宗族主义、偏见、羡慕，以及本书的主题——嫉妒。

　　在多年的开拓性研究工作中，罗伯特·莱希（Robert Leahy）博士力求深入了解人类各种阴暗面的社会起源与其演变过程，从而提高我们承担与应对它们的能力与意识。

在慢慢意识到这些情绪内在的驱动因素后，我们可以投入更多的精力来对自己的行为负责。显然，这也是这本书的核心目标之一。

罗伯特·莱希博士在书中向我们阐明了嫉妒与羡慕之间的相同点与不同点。若看到他人拥有我们梦寐以求的东西，我们往往会产生羡慕的感觉。这种羡慕通常会产生两种截然不同的结果：消极的羡慕会促使我们毁掉他人拥有的东西，而积极的羡慕会指引我们去模仿他人，努力使自己也变得更好。而嫉妒，从另一方面来说，通常产生于三人或多个人之间的竞争关系中，其中至少有一个人会获得比他人更多的关注与优势，此时便产生了嫉妒。最典型的情况莫过于男女关系，但不仅限于此。嫉妒和羡慕的相同点在于两者都能激发对对手的敌对行为或态度，甚至想要伤害、摧毁对方，这就是大家所熟知的"我得不到的东西，其他人也休想得到"。

嫉妒还体现在其他物种之中，尤其是在配偶守卫的行为中，往往是其中一方（大多数但不总是雄性）试图阻止他人接触他们所守卫的人，与此同时引起被守卫者的恐惧。事实上，诱发恐惧作为一种嫉妒的策略是非常普遍的。在《旧约》中，上帝被认为是善妒的，因此那些背叛他的人或不顺从他的人都会经历无尽的痛苦。那句人们常放的狠话——"你要是敢离开我……"就是嫉妒者赤裸裸的威胁。

由此不难看出，嫉妒是同情关系中最大的破坏者之一。在爱情中，嫉妒还引发了愤怒。嫉妒可以引发各种各样的关系冲突，从被动侵犯一直到家庭暴力，甚至是谋杀。跟踪行为背后隐藏的往往也是嫉妒，当渴望得到的对象选择了别人后，嫉妒便会激发复仇心理。最终，嫉妒只会把对方越推越远。与许多引发愤怒的情绪一样，嫉妒也不是平白无故产生的。

在《为什么嫉妒使你面目全非》一书中，莱希博士从临床医师的视角出发，总结了大量的案例经验，向我们展示了这个常被忽略的个人与人际悲剧。他在书中深刻地剖析了嫉妒的根源，同时也提出了一些应对措施。如果你正遭受着嫉妒的困扰，那么读完这本书，你将意识到你并不是一个异类，你所经历着的嫉妒带来的冲动与痛苦，都是你的大脑，或者准确地说，是人类的大脑使然。

莱希博士在书中不仅提到了本身受到嫉妒困扰的人，同时还顾及了那些受害者的情况。可悲的是，明明是那些心怀嫉妒的人犯下的错误，但受害者往往也会对发生的事情感到羞耻。因此他们可能会试图掩盖真相，甚至是自欺欺人，而不愿向外界寻求帮助。事实上，许多嫉妒或者暴力的受害者往往因为感到羞愧或害怕，而不愿意承认或揭露他们的处境。这本书将帮助你判断自己是否是嫉妒关系的受害者，并可能会帮助你确定是否需要接受专业的帮助。

《为什么嫉妒使你面目全非》一书探索了嫉妒的本质和模式，这些深刻的见解对于整个心理学的发展都具有非凡的价值。其中尤其重要的一点是能够指导我们如何摆脱嫉妒带来的羞耻感。首先，诚实对待自己是为自己的行为负责的重要的第一步。虽然有时候我们无法控制自己的想法，但是我们可以为自己的行为及其后果承担责任。归根结底，人类也只是万千生物中的一种，在我们短暂的一生中，从出生到死亡，我们所有的冲动与欲望都受到大脑思想的支配，而这些思想已发展进化了数百万年了。甚至当我们的基因促使我们去追求和得到自身所爱时，最终其实也是让我们放弃内心对和平的渴望。

这是一本深刻而重要的书，在这本书中你将学会接纳自己的嫉妒心理，并找到自己的解药。你将学会对自己坦诚，最终勇于直面并战胜自己的嫉妒心。莱希博士的文字非常细腻、富有感情，具有非常强的可读性，他将带领读者一起征服嫉妒，摆脱人类生存中巨大的痛苦与折磨。这将是你人生旅程中最重要的一本教科书。

保罗·吉尔伯特

The
Jealousy
Cure
Learn to Trust,
前 言 *Overcome Possessiveness, and*
Save Your Relationship

　　跟菲利斯做朋友是件非常有趣的事。她的笑声总是很有感染力，她聪明、幽默，对身边每一个人都十分友好。她也很有想法，充满魅力，因此大家都喜欢和她做朋友。但是一旦事情涉及她的男朋友迈克，菲利斯就好像变了一个人，感情上的嫉妒几乎吞噬了她，时常让她感到恶心、焦虑和愤怒。只要迈克去参加聚会，她就会变得焦躁不安，时刻担心他会与前女友重修旧好。如果迈克和前女友一起吃饭，菲利斯就会非常生气，尽管迈克不断强调她只是一个"普通朋友"。菲利斯总觉得哪里不对劲，因为她始终无法消除脑海中的嫉妒。"我觉得自己快要疯了。"她跟我说这句话的时候低着头，避开了眼神交流。

这让我想到了史蒂芬。刚开始和瑞秋约会的时候，他完全没有嫉妒的感觉，但现在就不一样了。他会时不时地翻看瑞秋的社交媒体主页，有时候还会查看她的手机，看看她是否已经厌倦了自己。史蒂芬整天在想："她是不是在和别的男人约会？""脸书（Facebook）上加她好友的那个人是谁？""（对于我们的关系）她是不是还在观望？"因此他完全无法把注意力放到工作上，每天都借酒消愁，也因为不想让朋友看到自己这副狼狈悲惨的模样，他拒绝与朋友见面。他告诉我："我确实没有十足的证据证明瑞秋出轨了，但我也确实不知道该不该相信她。我实在忍受不了这种焦虑不安了。我有时候会想，如果我们分手了，我心里会不会好过一点，至少我不用整天担心她出轨了。"

其实，几乎每个人都产生过嫉妒的感受，可能对配偶、伴侣、朋友、兄弟姐妹或其他家庭成员。读完这本书你就会发现，其实嫉妒就跟人类的爱与恐惧一样，也是一种很普遍的情感。

嫉妒普遍存在于世界的各个角落，不分国界，不分年龄大小，甚至连动物也会嫉妒。

嫉妒有时是我们与他人的一种特殊的联结关系。因此，一旦这个联结出现问题，我们就会觉得受到威胁挑衅，这便是嫉妒。在一些交情一般的关系中，人们很少会嫉妒，因此嫉妒往往也说明对方对你而言很重要。但当这种情绪过分强烈时，就像菲利斯和史蒂芬那样，为了摆脱嫉妒，我们往往可能做些令自己后悔的事情——嫉妒确实会带来不少问题。

基于认知行为疗法，我已经写了 25 本心理学方面的书了，主题包括焦虑、抑郁及行为改变等。不少极具天赋的心理治疗专家也写过这类书。但令我意外的是，市面上竟还没有一本书从认知行为疗法角度去剖析嫉妒这种困扰着大多数人的情感。这实在是太奇怪了，因为嫉妒本身是一种非常复杂的情绪，包含着我们所研究过的许多心理状态，比如焦虑、沉思、自我批判、愤怒及矛盾化解等。也因此，写作一本关于嫉妒的书迫在眉睫。

认知行为疗法是当下全球最具价值的治疗方式，它能够有效治疗抑郁、焦虑以及由此引起的一系列问题。该疗法重点集中于调整患者现阶段的思维、行动以及人际互动。同时，认知行为疗法为患者提供自助的方法，帮助他们更好地面对和解决心理上的各种问题。

在这本书中，我引用和借鉴了大量有效的技巧与概念，帮助读者更好地处理这种令人困惑又无比浓烈的情绪——嫉妒。我希望这本书能够给读者带来些许启发，能够帮助他们更客观地看待和处理嫉妒心理，不要让嫉妒毁了生活。

很多优秀的人也会受到嫉妒的困扰。他们深爱自己的伴侣，也想互相信任，共同走下去。但人有时就会莫名地焦虑和发怒，完全不受自己控制，往往事后才感到内疚羞愧。曾经有位女士就因为情绪失控而毁掉了自己的感情，她因此流下了悔恨的泪水。男人都希望自己的另一半能够陪伴自己一生，但嫉妒会使他们变得多疑、咄咄逼人，甚至去翻看对方的社交媒体。在另一个案例中，一个丈夫非常爱他的妻子以及三个孩子，但也最终被嫉妒压垮，甚至产生了自杀的想法。
幸运的是，他并没有放弃自己，最终战胜了嫉妒，挽回了自己的婚姻。

　　嫉妒是可悲的，因为往往是深爱却又感到不安才会让人产生嫉
妒。嫉妒驱使下所做的一切最终都会破坏这段自己明明想要保护的感
情。不仅如此，嫉妒的想法、情绪、行为往往还会导致内心深处产生
羞愧与内疚的情感。当你正受到嫉妒的困扰时，你会觉得自己快疯了，
甚至会怀疑自己是否有权利嫉妒。长期以来我们所接受的文化似乎都
对负面的、痛苦的情绪有偏见——如果你拥有这些消极情绪，那么你
这个人一定是有问题的。但是通过这本书，我想要告诉读者的是，嫉
妒本身也是人类情感的一部分，是人类开展亲密关系的一个要素。

　　出于好意，总有些朋友甚至是治疗专家会给你出些主意，但有
时这些建议并没有什么用处，甚至还会使事情变得更糟。下面这些话
你可能曾经听到过，让我们一起来看看为什么说这些话并不准确甚至
毫无帮助。

　　"你肯定是太自卑了。"
　　——事实是嫉妒也可能是自尊心太强的体现，也许是你根本无
法接受不公平的对待。因此事情并不像旁人想的那样简单。

　　"不要老想着这些了。"
　　——逃避嫉妒往往会适得其反。我们必须学会接纳自我，而不
是受控于自我。

"凡事看开一点吧。"

——这句话往往让人感觉更糟糕，因为一旦事情到了只能看开的地步，也就说明没什么希望了。

"你何苦折磨自己呢？"

——这句话可谓是完全本末倒置了，因为嫉妒本身就是一种自我保护，保护自己不受背叛的伤害。

"你有什么资格嫉妒呢？"

——每个人都是自己思想和情绪的主宰，怎么会没有资格？用这种方式来劝说只会让你更有危机感，被抛弃的感觉只会更加强烈。

"我做错了什么？"

——这句话或许在理，但如果是从你嫉妒的人口中说出来，那么你可能会因此更执着于一探究竟。

"你只要相信我就行了。"

——被要求去信任某个人几乎没有任何帮助，因为这并不能为你的痛苦正名，也无法解释你为什么会有这样的情绪。

"你现在真是一塌糊涂。"

——这种话只会增加你的恐惧感，害怕自己被抛弃，这种情况下往往更容易感到嫉妒。

以上提到的几句话中，虽然有个别可能有所依据，但其中没有一句是真正有用的，因为它们根本与你的感受无关，更不能帮助你合理应对这些情绪。既然嫉妒本身就源于亲密关系中的危机感，那么一味地指责、逃避或嘲讽都只会让你感觉更糟，甚至更加嫉妒。

那么，到底怎样才能有效地应对和处理嫉妒呢？我希望通过此书，读者能够真正理解什么是嫉妒，因为嫉妒本身就是一种强烈而又复杂的情绪综合体，其中包括了愤怒、焦虑、无助、怨恨以及绝望等令人困扰的情绪。找也希望读者能够明白，拥有这种情绪很正常，你并不是个异类。

此书的另一个目标是帮助读者审视自己的选择，毕竟任何一个选择都关乎一段亲密关系的存亡。一旦你觉得无法再信任某个人了，你会怎么做？因为嫉妒，人们往往会产生一些比较普遍的行为或反应模式，比如：

- 质问。
- 收集背叛的证据。
- 尝试控制某人。
- 实施惩罚。
- 过度担心潜在的背叛。
- 害怕自己的担忧成真。

但是有嫉妒的想法并不意味着一定会采取嫉妒的行为。行动的选择权依旧在你手中，处理的方式也往往可以优化。这本书将指导你如何处理应对自己的想法与情绪。当你阅读完这本书，即使无法做到完全将嫉妒抛之脑后，你也应该能够更加从容地应对它，不再让其肆意破坏你所珍视的亲密关系，甚至影响你的健康。

这本书并不想探讨你是否有资格管理自己的嫉妒情绪，也不会指责你无理取闹或是强迫你去克服嫉妒。如果你的嫉妒事出有因，那么或许是时候坚持自我，与伴侣共同协商解决办法，甚至约法三章了。一次嫉妒的危机处理，或许能够唤起你们曾经互相许诺的记忆，从而相互理解并共同建立一些行为准则，这同时也是建立起信任桥梁的过程。有时候嫉妒还会提醒我们一段关系中什么是最重要的——承诺、真诚、坦率和选择。

因此有时候嫉妒并不一定是件坏事。它帮助你看清的是现实，而不仅仅是自己的想法与情绪。但嫉妒也并不总是能够准确地反映现实。毕竟嫉妒的产生总是激烈而又强势，有时甚至不留任何转圜的余地。但如果能够冷静下来，暂时跳出自己的情绪，看清楚自己在意的究竟是什么，或许一切都会有所不同，或许你就不会被迫受控于自己的想法和情绪。

如果你的伴侣常常受困于嫉妒，那么这本书能够让你更好地理解对方所经历的一切，明白为什么冷处理毫无帮助。作为嫉妒的承受者，想必你也知道在一段亲密关系中，如果双方总是互相指责、互相不信任，那该有多难受。这本书为伴侣双方都提供了应对这些负面情绪的方法，引导双方共同努力，互相理解与支持，共渡难关。嫉妒并不会因为你想摆脱它，就自己乖乖走开。你需要通过不断减少嫉妒带来的消极行为，通过彼此共同学会接纳嫉妒、习惯嫉妒甚至尊敬嫉妒，才能摆脱它的困扰。

　　这本书的最终目的是希望你们能够明白，嫉妒本身并不是什么坏事，它只是人类天性的一部分，因此并不需要为自己的嫉妒心理感到羞愧难当。事实上，嫉妒有时反而能够帮助你发现问题，从而进一步巩固彼此的关系。我曾帮助过上百位患者，引导他们接纳自己的嫉妒心理，摆脱其所带来的不幸。请继续读下去，看看该如何使你的心灵重获自由。

Part Three

扭转嫉妒心

The Jealousy Cure

Learn to Trust,
Overcome Possessiveness, and
Save Your Relationship

Part One

嫉妒心的力量

第一章　竞争性情感的演变

即便是世界上最理智的人，可能也无法抵挡嫉妒的力量，都有可能最终被嫉妒所带来的愤怒、焦虑以及无助所击垮。进化论学派的代表、心理学家大卫·布斯（David Buss）曾提到，当他还在读大学的时候，他始终认为如果他的女朋友想要与其他人发生关系，他是无权干涉的，因为他并没有女友身体的所有权。因此他的女朋友是完全自由的，可以做任何自己想要做的事情。但是当他真正交了女朋友之后，他的想法就发生了改变。

事实上，并不只是大卫会这样，几乎每个人都会经历这种变化。我们所经历过的所有情绪中，嫉妒或许是最难以处理、最危险的一种情绪了。当我们觉得自己正遭受背叛或者被抛弃的威胁时，我们便会用嫉妒来反抗。嫉妒是对介入者、竞争者的愤怒；嫉妒是对辜负自己信任的人的怨恨。嫉妒是本能的、固有的，甚至有时是猛烈的。

有时我们会觉得自己被嫉妒压得死死的，喘不过气来，仿佛身体和大脑都不是自己的了。

什么是嫉妒

当我们觉得自己和他人的特定关系受到威胁时，往往就会产生嫉妒心理。比如担心合作伙伴或朋友会对我们失去兴趣，转而与其他人形成更紧密的关系。嫉妒不会凭空出现，实际上嫉妒往往涉及三个人，而正是第三者的出现，给我们的关系带来了威胁。我们可能会嫉妒爱人、朋友、家人甚至是同事。当嫉妒发展到一定程度时，可能社交圈里的任何一个人都会让我们产生危机感。我们因嫉妒而担心自己会被羞辱或边缘化，甚至是被抛弃。

我们经常把嫉妒和羡慕混为一谈。然而羡慕是指当我们发现别人比自己更优秀时（即使有时候存在不公平），我们憎恨他们的成功，因为他们的成功恰恰反映出了我们的无能。换句话说，他们的成功就是我们的失败。因此，我们往往会羡慕同一领域中的竞争者。比如在商业领域，我们羡慕那些能挣更多钱或者晋升更快的人；在学术领域，我们羡慕那些科研经费充足或常常在期刊上发表论文的人。羡慕的核心是比较，嫉妒的核心则是对某种关系的威胁。

嫉妒和羡慕在心理学上属于两种不同的情绪，但这两种情绪常常同时发生，因为两者都产生于同样的场景下——竞争，且都是自身处于弱势时。在这本书中，我们的重点是嫉妒。

嫉妒的表现

嫉妒并不是一种单一的情绪，相反，它其实是多种强烈情绪的混合体，其中包括了愤怒、焦虑、恐惧、困惑、兴奋、无助、绝望以及悲伤等情绪。在恋爱关系中，当我们认为伴侣有不忠行为时，我们会感到嫉妒，但同时这种猜想也会让人产生性冲动。我们会因此感到困惑，因为我们总觉得人一次应该只产生一种情感，更何况，这其中也许还夹杂着爱情。其实无论是积极的还是消极的情绪，我们都希望只有其中一种，但往往事与愿违，这些情绪总是一拥而上，压得我们喘不过气来。

我们常说"感到"嫉妒，但我们的嫉妒其实还涉及各种各样的想法。比如说我们会认为，"他对别人更感兴趣""她会离开我"或是"我的伴侣不该见异思迁"，这些都是我们的想法。当我们试图去了解事情的真相时，脑海中往往会浮现如下的想法："我要知道到底发生了什么""我不知道的那些事情势必会伤害到我，所以我要知道"。

我们常常会采取一些措施来检验伴侣的忠诚，以寻求安心。例如跟踪、监视，偷看其电子邮件和短信，检查车上的导航记录，闻伴侣身上的香水味，检查他们的行李箱等；或是询问身边的其他人，看看他们能否提供一些消息，从而拿这些"证据"来威胁我们的伴侣。这个过程往往会产生两种结果：对方要么咄咄逼人，大吵大闹；要么选择逃避，假装不知情。

因此，嫉妒并不仅仅是一种"感觉"，它是控制他人情绪、感觉、想法、行为、选择和决策的主导因素。嫉妒的产生源于对事实真相的执着追求，因为无从知晓，我们总是把事情往最糟糕的方向想（虽然这也可能就是事实）。强烈的好奇心和控制欲驱使我们把幻想和感觉视为我们所害怕的现实。但这并不是事实。

单单嫉妒的感觉或想法并不是主要问题，随后所产生的行为才是让我们陷入困境的根源。换句话说，嫉妒是一回事，而采取行动是另一回事。我们将在稍后的章节中更详细地探讨这一点。但为了更好地控制嫉妒，我们首先需要深入了解它，无论是自己的还是普遍意义上的嫉妒，我们都需要对其有所了解。

进化论

达尔文的进化论告诉我们：物种之间的进化发展都是通过物种之间的生存斗争实现的。我们的祖先就曾与饥饿、外族入侵、内部矛盾、强奸、杀婴等威胁做斗争。生命是一场从出生就开始的矛盾斗争。人类身上许多至关重要的特质——婴儿时期对父母的依恋，来自陌生人的非难，对威胁的抵御，对高空的恐惧，公开演讲前的焦虑，对家人的依赖——在许多其他物种中也都有体现，这是因为这些特质有利于物种的进化发展。

生存即为了赢得这场斗争。不论是兄弟姐妹、工作伙伴还是男女追求者之间，都存在竞争。而嫉妒是对这些竞争威胁最原始的认可，也是进化过程中自我保护的一种策略。但在当今社会中，嫉妒可能会摧毁婚姻、破坏友情甚至疏离亲情。

这是否意味着嫉妒是合理的，我们对它无能为力呢？答案当然是否定的。嫉妒起源于人类的进化并不能证明嫉妒所带来的愤怒、怀疑甚至报复等行为都是合理的。或许 10 万年前恐惧和焦虑能够帮助我们更好地生存，但时过境迁，过去行得通的办法并不一定适用于今日。

了解进化模式有助于我们理解为什么嫉妒的力量如此强大，情感如此强烈。但就像我们不再恐惧高空、水流、野狗、封闭空间或露天行走一样，曾经引发嫉妒的恐惧也已经毫无用处。在 21 世纪，我们的城市、郊区乃至城镇的环境发展与进化观点并不相关，因此进化论并不能为嫉妒正名。进化论只能帮助我们理解为什么嫉妒如此普遍和强大，而并非选择让恐惧"进化发展"。

在过去很长一段时间里，我们祖先生活的核心就是在种种威胁中生存下来，其中基因的生存尤为重要。人们很可能死于争斗，但只要他们的基因保留下来了，那么其生存优势就会代代相传。在适应性进化中有两点是非常重要的，即生殖以及后代的存活率。两者中任意一个出现问题，这些优势基因都将无法生存。而这便是嫉妒产生的地方。

嫉妒的进化

通过进化论，我们进一步理解了嫉妒背后的情感与力量，即控制我们感受与行为的愤怒情绪，担心伴侣可能选择他人的恐惧，发现欺骗行为的方式，以及欺骗他人的能力。我们本能地跟随着这些长久以来保护我们自身的情感，殊不知过分的盲从会毁了我们现在的生活。关于嫉妒的进化有以下两个相关的理论：亲代投资理论（parental investment theory）以及资源竞争理论（competition for limited resources theory）。

亲代投资理论

亲代投资理论认为亲代（在这里指人类）为增加后代生存的机会，通常会更加致力于分享资源、照顾年幼者等利于后代生存的投资行为。人们会更多地保护和支持这个与自己分享基因的人，例如亲生孩子、兄弟姐妹和近亲亲属，而不会去过多关注与自身基因无关的人。

从这个角度来看，嫉妒是一种保护策略。如果一个男人不确定其伴侣后代的亲子关系，他最终保护的便是陌生人的基因，并且也因此牺牲了传递自身基因的可能性。由于女人确认婴儿肯定携带着自身基因，所以女人的嫉妒并非由亲子关系或性行为决定，而更多是受到男性伴侣的付出的影响。女人需要确保自己得到丈夫足够的保护与支持，因为这直接影响到后代的生存。因此，当他们的遗传投资受到竞争者的威胁时，不论男性还是女性都会产生嫉妒。

研究表明，男性更容易对伴侣的不忠行为感到嫉妒，因为这会直接导致亲子关系问题；而女性更容易因其伴侣与其他女性之间过于亲密而产生嫉妒，因为这就意味着来自伴侣的资源与保护将提供给其他人。这个研究结果与亲代投资理论内容是基本一致的。虽然男女双方都可能经历以上两种嫉妒，但男性更多地表现在性嫉妒上，而女性则更多地表现在情感嫉妒上。

嫉妒的进化在不同的文化中有着不同的体现。男女嫉妒的性别差异会因文化差异而产生不同的进化发展。就比如，在重视荣誉的文化中，男性的嫉妒会更加强烈，我们再熟悉不过的巴基斯坦、孟加拉国的"荣誉谋杀"便是如此——这种不忠的耻辱感会导致一名被强奸的女子嫁给强奸犯或者干脆被乱石打死。

资源竞争理论

第二种与嫉妒进化相关的理论的重点在于资源竞争，这个理论很好地解释了人类处于婴儿时期所产生的嫉妒以及与兄弟姐妹间的嫉妒。婴儿们会因争夺父母的关注而产生嫉妒；兄弟姐妹之间则常常会因为竞争食物或者父母的宠爱而引发嫉妒。

在一项调查研究中，研究人员发现，当母亲与两个婴儿中的一个互动时，被忽视的另一个婴儿会表现出痛苦的迹象，并试图吸引母亲的注意力；而当母亲与非人类对象互动时，该婴儿则显得较为平静。由此我们可以看出，婴儿因争夺父母的关注而产生了嫉妒的情绪以及相应的行为。

妹妹菲利斯刚出生的时候，四岁大的加里既兴奋又担忧，但随着妹妹不断长大，他觉得自己和爸爸妈妈的关系受到了威胁，因此他有时候与妹妹一

起玩耍，有时候又会抢走妹妹的东西，甚至做出一
些比以前更幼稚的行为。

为什么人们在婴儿时期就会产生嫉妒，兄弟姐妹之间会产生竞
争？在人类进化的大部分时间中，食物短缺一直是个问题，因此人们
为了生存，不得不为食物而竞争。有些物种则因为过度繁殖，导致许
多后代只能被活活饿死。当然，这种过度繁殖也是一种确保基因生存
的策略，但这种策略直接导致了手足血亲之间的竞争，甚至导致死亡。
母猪往往会生产数量远超过其奶头数量的猪仔，因此不够健壮而争夺
不到食物的猪仔只能面临死亡。进化论将这种过度生产后代的倾向描
述为"仓储"。这听起来可能很残酷，但它指出了在竞争激烈的世界
中嫉妒的本质——生存。

嫉妒普遍存在于各个物种，在采访过各类宠物的主人之后，我们
得到了以下宠物的嫉妒排行榜：

- 第一名：狗（81%）；
- 第二名：马（79%）；
- 第三名：小鸟（67%）；
- 第四名：猫（66%）；
- 第五名：老鼠（47%）。

狗会通过咆哮、逼近等方式表达对其他宠物狗的嫉妒，甚至会横
在主人与其他宠物狗之间。由此可见，宠物与人类一样，也会嫉妒。

嫉妒的历史

嫉妒的历史比文字更久远。在《圣经》中，该隐对亚伯的嫉妒虽然玷污了创世记中人类的起源，但同时也标志着犹太基督教中上帝与其子民关系的性质——"不可跪拜那些像；也不可事奉它，因为我耶和华你的上帝是忌邪的神"。

嫉妒是希腊神话和文学的核心。女神赫拉嫉妒任何一个能引起她丈夫宙斯注意的女性。当美狄亚发现丈夫杰森背叛了自己时，她杀害了他们的孩子来报复杰森。海伦背叛了她的丈夫美尼劳斯，从而引发了特洛伊战争。

在中世纪的欧洲，嫉妒被视为一种必要的甚至是积极的情感，与荣誉紧密相连。12世纪的作者安德烈亚斯·卡佩兰纳斯（Andreas Capellanus）在他的著作《爱的艺术》一书中描述了强烈的爱情和嫉妒的重要性。他写道："不会嫉妒的人也一定不知道如何去爱"，"质疑爱人会产生嫉妒，同时也加深了爱情"。对于追求爱情的贵族骑士来说，为嫉妒而战是一件光荣的事情。在莎士比亚的《奥赛罗》中，恶毒的拉戈怀疑奥赛罗的妻子苔丝德蒙娜不忠，从而令奥赛罗陷入嫉妒。奥赛罗的嫉妒最终让他杀死了忠诚的妻子，但他自己是这样描述的："就是太爱了，才会这么不明智。"虽然他的行为是可怕的，但因为是出于爱和荣誉，他被称为悲剧英雄，而不是混蛋。

到了19世纪，嫉妒逐渐被视为影响家庭和谐的一种情绪。维多利亚时期强调国内的和平以及对强烈情绪的控制。当时嫉妒这种情绪被严令禁止，人们认为它会破坏维多利亚时期家庭的和谐。

今天，在美国以及西欧大部分地区，嫉妒都被视为是一种令人羞耻、需要隐瞒的情绪。据调查显示，许多西方人，尤其是美国人认为嫉妒是不正常的标志。换句话说，嫉妒是见不得人的。嫉妒从爱与荣耀的象征，变成了无法信任、缺乏自控力、神经质以及羞耻的代名词。然而嫉妒从未消失，也不会因此而减少。当今社会中，人们有更多的"机会"不忠：与陌生人接触，下载色情内容，网上秘密约会，等等。诸多的"机会"让人愈发缺少安全感，最后被这种不确定性压垮。随着时代的发展、科技的进步，伴侣之间互相"监视"变得愈发容易，但真相依旧藏得很深。嫉妒因当代社会这肥沃的土壤而不断萌芽。

重组家庭中的嫉妒

人们可能普遍认为嫉妒主要集中在恋爱关系中，但其实任何一段重要的关系都可能面临嫉妒问题，例如重组家庭。据调查，有近1亿个美国人生活在重组家庭中，另外有35%的已婚夫妇家中有继子、继女。英国甚至还有一个重组家庭的主题论坛网站。当父母离婚并且找到了新的伴侣时，孩子往往会有被背叛、愤怒、焦虑以及怨恨的感觉，这种感觉其实就是嫉妒。

当卡拉的父亲想让她去见见自己新的伴侣时，

卡拉已经三十出头，并且已婚。但就像许多经历了

父母离异的成年子女一样，这个家庭的新变化激起

了卡拉的强烈不满："他凭什么认为我会想见她？

是他抛弃了妈妈，背叛了自己的婚姻，我还怎么能相信他？"她父亲的新伴侣在她眼中就是个不受欢迎的入侵者、偷猎者，是她破坏了自己原本美好的家庭。卡拉觉得他们的父女关系到此就结束了，父亲的新伴侣会取代她和她哥哥的位置，而她必须忠于她的母亲，这也就意味着她必须坚持对父亲的怨恨。

工作中的嫉妒

一份稳定的工作往往没有那么容易，因此工作保障也一直是人们所关心的问题。2012 年，一份工作的平均在职时间为 4.2 年。在这种工作压力下，嫉妒便不断滋生："老板给杰克安排的工作明显更好。""唐娜都升职了，我怎么还没升！""埃里克总是和老板一起出去吃午餐，为什么老板从来不叫我？""除了我，似乎每个人都获得了优秀服务奖。"员工在公司的地位往往取决于老板的态度。

玛丽安总觉得自己被同事排挤了，"他们从来不叫我一起出去，什么事情都没我的份"。她还抱怨老板不提拔她。她内心的怨恨和嫉妒让她与同事的关系越来越远。她总觉得自己受到了排挤，因此也就主动把自己排除在外，慢慢地，她就真的与大家格格不入了。

社交媒体的介入

社交媒体的快速发展促进了信息的流通，但同时也增加了对比，加剧了人的嫉妒心理。看到别人过着自己想要的生活，而自己却孤身一人，我们总是会忍不住反问自己："为什么我没有受邀参加那个派对？为什么他们的朋友圈中都没提到我？"或是感叹："她的生活真是太完美了，比我的不知道好几百倍。如果我也能像她一样到处旅游就好了。"

回顾

在这一章中，我们提到了许多重要的概念，通过以上内容，不难发现你的许多情绪想法都是正常且普遍的，下面我们简单梳理和回顾一下本章内容。

- 嫉妒是许多强烈情绪的混合体，包括焦虑、愤怒、无助、绝望和悲伤等情绪；
- 感到嫉妒和做出嫉妒的行为是两回事；
- 你并不是一个异类，几乎所有人都产生过嫉妒的感受；
- 嫉妒是人类进化的产物之一；
- 嫉妒是人类的自我保护策略之一，主要有亲代投资理论（保护基因的延续性）以及资源竞争理论（同辈间竞争）两大理论支持；
- 男性的嫉妒主要集中于性威胁，而女性的嫉妒主要在于情感的契合；
- 嫉妒的历史悠久；
- 不仅是人类，动物也会嫉妒，并且不同的文化中都有关于嫉妒的记载。

读到这里，我们可以了解到嫉妒是人类的天性之一，嫉妒的力量来自于我们的本能反应。在下一章中，我们将学习如何分析自身的嫉妒，并且看看它是如何影响我们的关系的。而在之后的几章中，我们会逐渐探讨嫉妒与我们过往的经历、性格以及信仰分别有什么关系。随着我们对嫉妒有了逐渐深入的了解，处理嫉妒带来的各种情绪也将变得越来越轻松。

第二章　嫉妒心之于你，是个困扰吗？

在嫉妒面前，几乎所有的防御都是不堪一击的。然而威力惊人的嫉妒是否给我们带来了困扰呢？每个人都有控制自己情绪的能力，但嫉妒给我们的生活所带来的问题也不容小觑。仔细阅读下列问题，看看嫉妒是否是你工作、生活、情感中的绊脚石。

- 你是否曾因嫉妒而向你的家人、朋友、同事抱怨、吐槽甚至是逃避他们？
- 嫉妒是否曾导致你的某一段人际关系突然结束？
- 你的内心是否长期积压着怒火？
- 你是否常跟同事抱怨，这是否影响了你的工作？
- 你是否觉得自己无法摆脱嫉妒的想法和感受？

- ◌　嫉妒是否曾操纵你的大脑，让你无法控制自己的行为？
- ◌　嫉妒是否会令你感到沮丧？
- ◌　你是否偶尔会感到绝望？不光是对现有的人际关系感到绝望，更为自己因嫉妒无法经营好任何一段关系的状态而感到绝望？
- ◌　你是否曾因嫉妒说了些让自己后悔的话？

除了以上的问题，你还可以通过参与以下的嫉妒程度测试来对自己的嫉妒思想、情感以及行为进行真实的评估。测试总共有30个问题，这些问题都与嫉妒的诱发因素以及你的反应有关。

关于嫉妒的小测试

这个测试主要是评估你在嫉妒时可能出现的一系列反应以及嫉妒心理产生的频率。测试的重点在于你的感受以及你所做出的反应。你的回答并不意味着你无法控制自己的感受、想法或行为，也并非意味着这种嫉妒心理是不必要产生的。这个测试的主要目的是解决亲密关系，尤其是伴侣之间的嫉妒问题。

尽可能真实准确地回答每一个问题，不需要过分理智或是给自己过多的限制，回答每个问题前只要想想自己在生气、难过的时候会怎么做就可以了。这个测试并没有标准答案，我们所关注的是你在真正遇到这些情况时，你的想法、感受、行为以及沟通方式。

请准备好一张白纸，根据以下评分标准，结合自己的实际情况，在纸上写下每一道题目你所对应的分值（从不：0；很少：1；有时：2；

経常: 3；总是: 4）。

1. 我会询问他过去的感情经历。

2. 听他讲述过去的感情会让我觉得难受。

3. 我会拿自己和他的前任进行比较，并且心里会觉得不舒服。

4. 我会每天查岗，看看他都在做些什么。

5. 只要不是和我一起出去，我就会问清楚他和谁走得比较近，交谈比较多。

6. 他和异性聊天时，我会刻意打断。

7. 我会查看他的邮件、文件。

8. 我会查看他的通话记录、短信。

9. 我会查看他的定位记录，看看他都去了哪儿。

10. 我会不断要求他保证对我的忠诚。

11. 当我怀疑他的时候，我会选择离开。

12. 我老说他对别人感兴趣。

13. 我不允许他和别人玩暧昧。

14. 当我觉得他对别人有兴趣的时候，我会指责他，或者说那个人的坏话。

15. 我想让他感到内疚。

16. 嫉妒的时候我总是故意挑起争吵。

17. 嫉妒的时候我会通过诱惑他来寻求安心。

18. 我会跟踪他。

19. 我会用分手、分居或是离婚来威胁他。

20. 我会用武力来威胁他。

21. 嫉妒的时候我曾动用武力。

22. 我会强行把他留在身边，不允许他做任何事。

23. 我会向他认错、忏悔。

24. 我会找备胎。

25. 我会故意与其他人暧昧，让他嫉妒。

26. 我不信任他。

27. 我担心他会出轨。

28. 我不喜欢他身边有漂亮的异性同事、朋友。

29. 如果他和别人接触、亲吻或是跳舞，我会不高兴。

30. 如果有异性看起来对他感兴趣，我会不高兴。

看看自己的答案，是否看出点端倪了呢？当你将这些问题联想到自己的伴侣或是其他人身上的时候，你是否感到烦躁、愤怒、焦虑不安呢？如果上述问题中你有 4 个或以上的答案是"有时"，那么嫉妒对你来说，可能是个问题。如果你的总分超过 12 分，那么你可能正深受嫉妒的困扰。

如何应对嫉妒

接下来我们要看你是如何应对嫉妒的，例如质问、检查、跟踪、离开或是其他一些行为：

◦　你是否总是用质问的语气与他交谈？

◦　你是否总明里暗里讽刺他不可信？

◦　你是否时常查看他的社交主页、手机、邮件或是导航定位系统？

- 你是否会去询问其他人，看看他们是否知道些什么？
- 你是否会离家出走，拒绝他的求欢？

你可能会试图限制伴侣的行动，以此来杜绝他与你认为有威胁的人见面：

- 你是否会因为自己的嫉妒，要求他减少社交？
- 你是否要求他出席社交场合的时候必须带上你？
- 如果你不在他身边，你是否要求他必须时常与你保持联系？
- 你是否有让其他人帮你看住他？

嫉妒可能会让你纠结于过去、现在，甚至让你担心未来，担心你的伴侣未来可能会做什么，担心如果没有了他，那自己一个人该怎么办。比如：

- 你是否十分在意他过去的感情经历？
- 你是否总拿自己和他的前任相比？
- 每次想到他过去的感情经历，你是否会对自己或是对现在的感情更没信心？
- 你觉得他会背叛你，投入别人的怀抱吗？

嫉妒也会引起自我怀疑，比如：

- 你是否认为，如果有更强大的竞争者出现，你一定会处于弱势？
- 如果你的朋友总是和别人在一起，你是否会就此认定自己是个无聊的人？

嫉妒会以各种各样的方式影响你的人际关系。看看下列关系状况是否适用于你与伴侣、家人、朋友或是同事的关系。

- 越来越多的争吵。
- 疏远。
- 固执。
- 要求越来越多。
- 打架。
- 逃避。
- 感到悲哀。
- 性生活减少。
- 感情变淡。

应对嫉妒时我们会有哪些行为？我们再来看看肯恩的例子。肯恩已经和露易丝交往 7 个月了，在他们交往前，露易丝和肯恩都有不少情感经历。但现在肯恩担心自己可能无法完全信任露易丝。当他做完嫉妒程度测试并看过上述关于应对方法的问题后，他发现：

- 那个露易丝称之为朋友的胡安明显对露易丝有意思，想跟她发展关系。
- 露易丝对胡安的感情可能超过了普通朋友的范畴。
- 偶尔露易丝会和一些年轻男性共事，他就会不高兴。
- 他会质问露易丝和胡安或者和其他男人的聊天内容。
- 他会翻看露易丝的 Facebook 主页，看看有没有她和其他男人的合影，尤其是胡安。

- 他会追问露易丝昨晚做了什么。
- 露易丝对胡安有意思。
- 他曾尝试入侵露易丝的邮件账号。
- 他想过跟踪露易丝。

尽管没有任何证据表明露易丝出轨了或是对肯恩不忠，但肯恩就是想要确定自己是否可以继续信任她。

假如生活中没有嫉妒

你可能没有肯恩那么善妒，也可能有过之而无不及。不论是哪种情况，通过上述这些问题，你应该都会更加清楚嫉妒是否影响了你的生活。看过上述问题后，现在来想想，如果你没有那么善妒，又会是怎样的一种情况呢？

- 你的人际关系会如何发展？
- 你是不是会更容易与人沟通？
- 你对自己的所作所为是否不会那么后悔、难过？
- 你的伴侣会如何看待你？

有这些问题并不表明你无法控制自己的感情，本章的主要目的是帮助你看清嫉妒对你的生活和人际关系有多大的影响。而在下一章中，我们会具体探讨你的过去以及你对人际关系的看法是如何引起嫉妒的。

第三章　依恋与承诺

史蒂夫的童年几乎都是在父母的争吵中度过的。在他的记忆中，每次爸爸一回到家，妈妈就显得格外焦躁，总是怒气冲冲地质问他到底去哪儿了。有那么几次，爸爸甚至搬出去住了，有时候是一周，有时候是两个月，但最终爸爸还是回来了。尽管如此，史蒂夫还是很担心会不会有一天，爸爸再也不回来了，他也同样害怕万一什么时候妈妈也不要他了，他就变成一个没人管、没人要的孩子了。有时候他会一个人坐在房间里，想象爸妈都抛下他的场景，一个人默默流泪；有时候他会假装不舒服，这样他就不用去上学，可以让妈妈在家里陪着他了。跟妈

妈一起待在家里让他有安全感，所以他完全无法忍

受寄宿生活。史蒂夫 11 岁时得知了爸爸有外遇的事

情，妈妈咒骂着，歇斯底里地说再也不会相信爸爸了。

———————

从史蒂夫的例子中可以看出，一个人过往的亲密关系往往对其有着深远的影响。童年及人生中任何一次经历都可能给人埋下猜疑、背叛和不信任的种子。如果你的父母曾闹过离婚，或是家里有人生过重病甚至离世，你可能就会有这种感觉，认为自己所依靠的人终会离去。现在的不安全感也许正是对过去情感伤害的一种映射。

依恋类型

在与他人的依恋关系中，每个人能感受到的安全感都是不同的，我们的依恋类型从婴儿时期就开始形成了。当看到爸爸或者妈妈离开房间时，婴儿通常会表现出以下四种类型中的任意一种：

反抗型：这种类型的婴儿会通过大哭、捶手蹬脚等方式表达自己的害怕与不安。

矛盾型：妈妈离开时会极力反抗，但等她回到身边后，既寻求与妈妈的接触，又反抗其安抚，表现出矛盾的态度。

回避型：明明对妈妈有着依赖，却在与妈妈亲近自己时表现得十分警惕小心。

安全型：能够接受妈妈短暂的离开，并在其回到身边时给予热情、积极的回应。在依恋关系中，安全型的孩子能够适应独处，会更多地去关注周围的环境，因为他们知道自己的妈妈一定会回来。

根据依恋理论，婴儿自出生开始就与其主要抚养者（通常是母亲）建立了一种情感联结，即对母亲产生依恋。孩子的依恋类型主要取决于与其抚养者的关系，包括保护、支持、喂养以及社交关系。

当孩子知道母亲一定会回到自己身边时，他就会对母亲建立起依赖与信任，相信母亲是可靠、有责任心、有爱心的。有了这样的安全感之后，孩子就能够欣然接受母亲的离开，并安心地探索周边的环境。相反，有些孩子可能会觉得母亲的离开是不负责任的表现，从而表现出不安与焦虑。依恋理论指出，所有这些依恋类型都将伴随人们一生，并且影响人们其他的亲密关系，尤其是恋爱关系。

在童年的亲密关系中，如果你始终无法信任对方，认为对方不够可靠，没有责任心，你们随时会分开，那么长大后，在处理成年人之间的关系时，你也会遇到同样的问题。

早期依恋

回忆一下童年时期的依恋关系，看看以下几种常见的情形是否符合你的情况。

你是否曾经担心过父母离异，或是任意一方生病甚至离世？——成年后你会害怕突然失去某些事物或是害怕被抛弃。

你是否经历过父母分居或离异（即使事情没有真发生，而只是存在这样的可能性）？——你害怕自己最亲密的关系破碎。

你们是否经常搬家？如果经常转学或者搬家，那么你与其他同龄人的友情都是极为短暂的，他们可能会埋怨你或者认为你不够忠诚。——你害怕独处，觉得自己被世界抛弃了，孤立无援。

你是否曾经对恋爱对象感到失望，甚至被欺骗过？——你总觉得有人欺骗你，在背后玩弄你或是会突然离开你，因此你会过分关注一些潜在的威胁。

亲密关系

关注自己的亲密关系类型往往有助于进一步了解自己的情感，尤其是当一段亲密关系刚开始发展时。通过这种方式，你能够更好地衡量在这段关系中，你是感到舒适自然，还是痛苦压抑；你是依赖着对方还是被需要的那个；你是拥有充分的安全感，还是总会感到焦虑不安。完成下面这个成年人依恋测试，看看自己属于哪种类型吧。

以下测试题主要分析的是你的情感变化过程，因此回忆一下你所拥有过的亲密关系，比如与家庭成员的关系，与恋爱对象的关系，或是与好朋友的关系。每道题对应 5 个分值，1~5 分分别表示程度的不同。（1 分：该题目的表述与你完全不相符；5 分：完全符合；其余分数则依顺序介于这两者之间，表示不同的程度。）请准备好一张白纸，在纸上写下每一道题你所对应的分值。

1. 我为人友善，有亲和力。
2.* 我性格独立，很少依靠别人。
3. 我总担心别人不是真心喜欢我。
4. 别人不太愿意与我亲近。

5.　我习惯依赖别人。

6.　与他人关系过分亲密并不会让我觉得不舒服。

7.*　当自己真正需要陪伴的时候，身边往往没有人。

8.*　与他人过分亲密会让我感到些许不舒服。

9.　我常常担心别人可能不愿意和我在一起。

10.　向别人表达我的情感时，我总觉得他们无法感同身受。

11.　我常常想到底有没有人真的关心我。

12.　我很喜欢与他人建立亲密关系。

13.*　与人深交会令我感到不适。

14.　我相信在我需要的时候，一定会有人陪在我的身边。

15.　我很想靠近别人，但又害怕自己受到伤害。

16.*　我很难完全信任别人。

17.*　人们常常希望我能够更加敞开心扉。

18.*　我不敢保证在我需要的时候总有人可以依靠。

上述题目主要涉及心理学上的三个方面：亲密度、依赖性以及焦虑感。通过给上述题目进行程度打分，你可以更清楚地了解自己的性格。带有星号（*）的题目需要进行反向计分，即如果这类题你给自己打了1分，最后计算的时候应按照5分计算；如果是2分，就按4分计算，得分3分的保持不变，以此类推。最后，把所有题目的分数相加。

亲密度测试：第1, 6, 8*, 12, 13*和17*题主要测试你对亲密度的接受程度，得分越高，说明你越容易接受他人的亲近，在亲密关系中也更加自在；得分越低，说明你越难与人亲近，也很难接受他人的亲近。

依赖性测试： 第 2*, 5, 7*, 14, 16* 和 18* 题主要测试你对他人的依赖程度。得分越高，说明你越能够信任、依赖别人；得分越低，说明你越无法信任、依赖别人。

焦虑感测试： 第 3, 4, 9, 10, 11 和 15 题主要测试你的安全感，看看你是否总是担心自己被拒绝或是被抛弃。得分越高，说明在亲密关系中你越没有安全感；得分低，说明你并不会特别担心这些问题。

如果想通过上述测试结果进一步了解自己的性格，那么以下问题将会对你有所帮助。

- 在一段亲密关系中，你通常会感觉自在还是不自在？
- 如果在亲密关系中你觉得不自在，那么是哪一部分让你觉得不舒服？
- 在一段亲密关系中，你是否会担心失去自我或是失去自由？
- 你是否会担心自己受控于人？
- 你是否觉得自己是有所依靠的，还是说你觉得别人都不靠谱，都有可能会伤害你、令你失望？
- 你能否举出几个别人让你失望的例子？
- 这些例子中的人是你平时依靠的人吗？
- 在一段亲密关系中，你是否常常缺乏安全感，总是害怕对方会离你而去，或者对你的关心不够？
- 能否举出几个你被抛弃或者对方对你不够关心的例子？
- 有没有哪一段关系是让你感到十分安心的？

　　就像依恋类型一样，你在亲密关系中的舒适感直接关系到你的嫉妒程度。如果你不喜欢亲近别人，那么相应地，你也就不那么容易嫉妒，因为你并没有把幸福寄托在这些亲密关系中。但逃避亲近也意味着很难发展亲密关系。换句话说，如果始终与他人或伴侣保持一定的距离，自然也就不会那么患得患失，那么善妒了。因此，在依恋类型中，安全型的人是最不善妒的。

　　在依恋关系中，缺乏安全感的人更容易产生嫉妒心理。如果你在亲密关系中很容易感到焦虑，那么你可能会不愿意靠近对方，因为你害怕失去。你担心得到的越多，失去的就越多，最后自己会无法承受。

　　每个人对亲密度的需求不同，有些人会因为关系不够亲密而感到没有安全感，而有些人则可能会因为过分亲密而感到不自在。例如，当嫉妒者提出越来越多的要求时，嫉妒的受害者可能会觉得失去自由、失去自我，因此，他可能会刻意与对方保持距离，而也正是这种疏远加深了嫉妒。

　　在亲密关系中，我们总是希望双方能够有共同的需求，但很可能一方需要足够的亲近，而另一方却需要更多的个人空间。你的另一半对亲密度又有什么需求呢？

过往经历

　　你也可以结合过往的经历来看看自己的嫉妒情况。

布莱恩一直认为父亲是个忠诚于妻子的好丈夫，但直到他 20 岁的时候，哥哥才告诉他，其实除了母亲，父亲在外面还有很多其他女人。这件事情让他觉得自己受到了欺骗。这种早期家庭因素导致了后来他对自己妻子的不信任。

在你的童年生活中，只要是父母任何一方有出轨或不忠的行为，你对别人的信任都会减少，因为在你的大脑中已经形成了一种偏见：再亲密的人都是不可信的。

如果你的父母关系紧张甚至破裂了，那么你很可能也无法信任你现在的另一半。如果你的父母否认你的看法或是感受，并且告诉你人的想法和感受都是不可靠的，那么你的情绪就很可能会发展为嫉妒。

佩妮不信任她的另一半。在她小时候，她的母亲会因为她提出的要求而感到生气，甚至几乎没有时间去顾及她的感受。因此，成年后的佩妮始终无法信任自己的伴侣，因为她觉得自己肯定不如其他人重要。

非正常关系的经历可能也会影响你对他人的信任。如果你曾经的伴侣是个自恋狂或是对你不忠，那么你可能会更加无法信任他人。

佐伊喜欢那些看起来酷酷的、难以接近的男人，因此她交往的都是那种不能给她任何承诺的男人。

起初，她兴致很高，因为她觉得得不到的才是最好的。而且佐伊相信，这就是她想要的最佳伴侣。当然，这注定是个悲剧。佐伊的择偶观念如下：她不值得一个真正的承诺；那些得不到的男人更有趣，而那些在意承诺的男人通常都很无聊。错误的择偶观念只会致使佐伊在感情上遭受一次又一次的拒绝和背叛。也许只有从根本上纠正佐伊的观念，才能改变现状。

在大多数情况下，我们都无法预测自己是否会遭到背叛。但一旦发生，背叛所造成的伤害会伴随我们一生。

海伦始终认为自己的婚姻十分平凡——拥有一套郊区的房子和三个可爱的孩子。他们一家人会一起出去度假，一起去教堂做礼拜。她觉得这是典型的中产阶级婚姻，是可以让她依靠的。然而出乎她意料的是，原来丈夫在外面一直有外遇。离婚后，她发现丈夫甚至跟不止一个女人有染，这个经历致使她变得多疑，缺乏安全感。

承诺与付出

对一段关系的承诺和付出都可能会影响嫉妒心理。刚开始的时候，双方投入得少，嫉妒自然可以忽略不计。如果你只和这个人约会过一次，并没有什么可失去的。但随着双方的接触越来越深入，你的投入越来越多，你可能会失去的也就越来越多了。

刚开始约会的时候，瑞秋对史蒂芬充满了吸引力，她是那么美丽、幽默、洒脱。她来自一个普通家庭，但她对生活有自己的见解和主张。恋爱的头几周，史蒂芬始终都很兴奋，因为他感受到瑞秋那充满魅力的灵魂以及对他热烈的情感。那段时间他几乎没有任何嫉妒的感觉，只是单纯地觉得跟她在一起很开心。但几个月后，史蒂芬爱上了她，从那时起他满脑子就都是嫉妒，他总是揪住她以前的感情经历不放，逼问她自己是不是也只是她玩弄的对象。他在这段感情中陷得越深，就越发觉得无法信任瑞秋。

为什么史蒂芬会突然变得如此善妒？随着关系的深入，他得到的越多，可能失去的也就越多，而与此同时，他没有从瑞秋那得到想要的承诺。当人们不知道这段关系是否能够持续下去时，此时的不确定性就将使嫉妒滋生。

随着时间的推移，在大多数关系中的嫉妒都会逐渐减少，除非其中一方对恋情不忠。因为经过长期的发展，双方关系逐渐稳定，不确定性降低，因此嫉妒也就逐渐减少了。一项针对100名女大学生的研究发现，那些处于稳定交往关系的女性比没有确定稳定交往关系的女性更不容易嫉妒。

史蒂芬的嫉妒与他不断投入与承诺有很大关系，那么你又是如何看待另一半的承诺的呢？有些人可能更容易接受表示忠诚的承诺，比如："我不会和其他人见面"或"我不会与其他人发生关系"。对这部分人来说，这些承诺已经足以让他们信任了。每个人都有自己的承诺标准。例如，如果伴侣常常选择和朋友待在一起或者独处，那这种情况下有些人可能会认为自己缺少伴侣的陪伴，也就缺少了相处的承诺；而有些人则认为："他只是想每周和朋友见几次面，这跟承诺没太大关系。"

每个人对待承诺的要求也有所不同，耐心的人可以接受承诺随着关系的深入而慢慢建立；而有些人可能认为承诺有就是有，没有就是没有，是很明确的事情。仔细阅读以下观点，看看你属于哪一种。

- ◦ 他全部的休息时间都应该拿来陪我。
- ◦ 他应该每天都与我联系。
- ◦ 他应该把爱说出口。
- ◦ 他应该让我觉得自己是特别的。
- ◦ 他应该为我们的未来做好规划。
- ◦ 他不应该向我隐瞒任何事情。

以上这些不同的观点说明处于亲密关系中的双方并没有对承诺达成一致的看法，尤其是在关系发展初期，其中一方可能想要更多自由，或是对这段关系还不够确定，而另一方可能已经完全投入其中并确定对方就是自己想相伴一生的人，由此双方产生了分歧。承诺是时间的产物，在恋爱初期，往往其中一方会投入更多，此时这一方就会通过各种方式检测对方的情感态度，以满足其因缺少承诺而产生的不安全感，但事实上，对于承诺分歧，双方的有效沟通才是更好的解决方式。

玲总觉得马克对他们的关系不够重视，因为他总是和朋友们一起喝酒，一起参加派对，很少会带上她。一开始她还不是特别在意，但几个月后，她开始觉得或许马克给不了她想要的承诺，而马克后来也当面承认，他确实不喜欢被"拴住"，他想要更多的自由。最终，他们分手了。

玲和马克对亲密度以及承诺有不同的需求，马克只是想要谈恋爱，而玲想要找的则是未来的丈夫。既然双方的目的和需求不同，亲密关系也就难以长久。

在亲密关系的初期，双方投入的感情少，能够失去的也少，因此嫉妒问题并不突出。但随着关系的深入，双方投入的感情越来越多，分手时需要承受的也就越多，因此嫉妒问题日渐突出。但单纯地在一起并不等同于互相承诺，同时每个人对承诺的定义也有所不同。有些人或许能够接受伴侣与其他人的社交，而有些可能需要更多的承诺与陪伴。归根究底，只要我们相信伴侣对自己是真心付出的，我们就不会那么善妒。

处于亲密关系中的双方往往需要共同探讨承诺的定义，例如：你们所想要的结果相同吗？在答案出现分歧时，双方应该妥善地进行协调，强求只会使局面越来越糟糕。

情感黏合度

　　情感的黏合度也会影响嫉妒的产生。关系越亲密，我们越害怕失去；交情较浅或是关系比较随意时，我们则很少会有嫉妒的感觉。也有不少人会为了减少被背叛、被伤害的可能性，而刻意选择与他人保持距离。

　　　　埃洛伊说："我只想沉浸在派对中，尽情饮酒，尽情跳舞，无所顾忌。我不想为我可能爱上的男人而堕落，因为我知道他最后肯定会伤害我。男人终究是靠不住的，那么只要我不真正爱上一个人，我就不会受到伤害。"

　　我们总以为大家都热衷于寻找真爱与承诺，但这种逃避亲密关系的情况其实非常常见。几年前，埃洛伊被她的伴侣抛弃，情感上的失败使她曾尝试过自杀。也因此在之后的生活中，她将亲密和信任视为自我堕落的源头。后来，她与人交往时总是保持一定的距离，这样她便可以更轻易地拒绝对方，也更不容易受到伤害。如果你的伴侣总是避免过度亲密，而你又想要双方的关系更进一步，此时期望值的差异往往会导致嫉妒的产生。

　　当涉及亲密问题时，有些人可能会故意刺激伴侣，从而引起对方的嫉妒。这种做法主要是为了测试对方的真心，寻求安心，因为嫉妒代表在乎。然而，体现嫉妒的行为有审问、疏远、要求保证和威胁——
这些行为往往会使一段感情陷入摇摆之中，因为在这个过程中，对方
可能会退缩、反击或是威胁分手，最终只会加剧嫉妒者内心的不安。
研究表明，当我们刻意让伴侣感到嫉妒时，我们内心认为他永远不会
离开，但事实并非如此。

除了测试对方的真心，故意刺激伴侣产生嫉妒也是为了惩罚他们。
或者是因为伴侣做了一些令自己不悦的举动，诸如与其他的异性互动
或暧昧等，人们不甘示弱而去故意刺激伴侣。在某些情况下，有些人
甚至会给自己留条"退路"——与其他异性暧昧，确保分手后自己有
其他选择，并通过这种方式来证明自己的魅力。

如果你觉得以上任何一个引起伴侣嫉妒的动机是合理的，如果你
内心在想："我该怎么做才能让他嫉妒呢？"请你同样想想这样做的
结果，不妨问问自己：这样做真的值得吗？嫉妒滋生于情感关系中，
并会对情感关系造成困扰，因此永远不要想靠嫉妒来获得安全感。

不确定性与焦虑

情感上的不确定性不仅是嫉妒的主要原因，也是焦虑的源头之一。
如果恋爱关系无法确定，双方会更缺乏安全感，总是担心对方可能会
移情别恋，这种情况在恋爱的中后期尤其容易频繁出现。

不确定性是影响焦虑的重要因素。焦虑的人通常会将不确定性与
不良后果等同起来，并且他们认为不确定性是不可接受的。如果你时

常感到焦虑，那么你可能会产生这样的想法——查岗、收集信息等行为能够减少甚至消除不确定性。诸如："我并不确定她是否出轨了，但我必须了解清楚，否则我无法放松。""我不能接受这种不确定性，我必须了解清楚。""我需要知道真相。"这样的想法也会经常出现在你的脑海中。

不确定性与了解需求

虽然你可能把焦虑当作消除不确定性的一种方式，但是当你找不到证据时，你将陷入另一种不确定性当中。"也许有一些我不知道的东西"或是"我必须马上找出答案"这种不确定性，增加了你的嫉妒心。研究表明，关系中的不确定性越大，嫉妒的可能性就越大，因为无知，所以害怕，害怕自己受到伤害。但实际上并不存在绝对的确定性，因为不确定性本身也并非绝对的。或许结婚十年了，你仍然无法确定是否可以信任自己的伴侣。

布莱恩和尚恩结婚十四年了，但随着尚恩出差频率的增加，布莱恩也愈发没有安全感。他说："我不知道她在做些什么，她很有可能会欺骗我。我只是不想什么都被蒙在鼓里，我想要更了解她，因此我开始跟踪她，偷看她的电子邮件。但我讨厌这样的自己，所以后来我选择了当面质问，这让她非常生气，她说我快把她逼疯了。我们的关系从此降到了冰点。"

与大多数嫉妒者相同，对布莱恩来说，不确定性是完全无法忍受的，因为这预示着背叛。他想避免无知，但他每天都生活在嫉妒的痛苦之中。"我到底该怎么了解她的全部？"他哽咽了。布莱恩的语气中充满了无助。

异地恋

地理上的距离也会增加不确定性。有些情侣即使双方相隔数千里，也坚持要在一起。其中当然有不少情侣的坚持有了结果，但不可否认的是，距离减少了他们的相聚，增加了双方的不确定性。当我在收集恋爱案例时，很多人曾告诉我，他们都尝试过维持高中时期的爱情，即使双方的大学相隔万里。有些人确实做到了，例如我的一个朋友，他14岁时就遇见了他现在的妻子，虽然后来两人的大学相距甚远，但他们最终坚持了下来，步入了婚姻的殿堂。但并不是每个人都能经受住距离的考验。

朱莉与男友相恋八年了，刚开始异地恋时，她也尝试去维持这段爱情，但后来她发现保持联系变得越来越困难。他们每隔三个月会见一次面，但平时男友很少主动联系她，而朱莉总是好奇他每天都在做些什么。

三角恋

当你介入别人的恋爱或是婚姻时，你往往也会面临不确定性。

凯瑟琳在高中同学会上遇到了一个男人，两人随即发生了关系。那个男人已经有家室了，他和妻子、孩子一起住在郊区。即使是这样，凯瑟琳还是继续和他见面，她希望自己能够说服他离开他妻子，或者说服自己从这段感情中退出。凯瑟琳一步步陷入了两难的境地，她既要平衡自己的焦虑与愤怒，同时又对这段关系心存幻想。

这种关系充满了不确定性。最好的方式就是把一切简单化，没有三角关系，不需要委曲求全。你可能认为自己很成熟，能够处理这样的情况，但根据我多年的经验，人类的天性不允许我们分享自己的感情，每个人都希望自己是独一无二的。因此，自欺欺人反而会适得其反。在这种关系中，你陷得越深，就越难解脱。

The
Jealousy
Cure

Learn to Trust,
Overcome Possessiveness, and
Save Your Relationship

Part Two

嫉妒心是如何演变
成问题的

第四章　被嫉妒心操控

嫉妒有自己的思想。当我们嫉妒时，我们常常受控于大脑中的思想和感觉，仿佛身体和大脑都不是自己的了，世界正在分崩离析。"我们必须马上采取行动，我们必须马上得到答案。""摆脱这些情绪，否则它们会愈演愈烈。""我们必须马上控制事态，否则伴侣早晚会背叛我们。"这些声音不断在大脑中叫嚣，最终把我们逼向崩溃的边缘。

人类所有的情绪其实都是信息的呈现，呈现出我们的需求以及任何可能会影响我们生活的威胁。正如第一章所述，嫉妒是一种持续发展且复杂的情绪，因为它与遗传投资有关，确保我们的后代得到最好的保护和支持。但是，当我们情绪激动时，我们无法意识到这一点，甚至不考虑事实是什么。我们只是被动地回应大脑中原始而强大的警报——我们被嫉妒心操控了。

当我们嫉妒时，我们的"威胁检测系统"就会启动。我们会不断去寻找线索，确认伴侣是否移情别恋或是否有第三者介入。任何人都可能构成威胁，而此时伴侣的想法和感受便被我们臆想成潜在背叛的迹象。为了找到能够印证我们内心想法的线索，我们不会放过任何蛛丝马迹。

在本章中，我们将探讨在嫉妒模式下，我们的大脑是如何运作的，包括思想、感受、行为、策略和沟通。当我们的"威胁检测系统"确认即将发生的事情时，便会触发嫉妒模式。一旦陷入嫉妒模式，我们就很难脱身了，因为我们的情绪会不断激化。当嫉妒模式被激活并且主导整个局面时，它将对我们产生巨大的影响，包括封闭自我，读取我们的想法，预测灾难，将不合理的标准和规则应用于我们的亲密关系，激发焦虑作为应对未知的一种方式以及忧虑一切消极事物，不论是真实的还是臆造的。最终，我们变得焦虑、愤怒和沮丧。在本章中，我们也将探索自身的选择如何加剧了嫉妒，滋生了嫉妒，并最终导致我们采取令自己后悔的行为。

嫉妒思维包括四部分：核心认知、制定规则、判断偏见、焦虑与反刍。这四个部分相辅相成，共同组成一个系统，执行以下工作：维护并分析威胁检测的初始结果；放大事情的重要性；引导我们确认恐惧；持续想象可能发生的事情或是臆造已经发生的事。接下来我们将逐一分析这四部分。

一、核心认知

无论是对于自己还是他人，我们都具有一定的核心认知，这些认知直接影响我们的嫉妒思维。核心认知通常指的是我们对事物的思考及看法，其中包括无意识的习惯性偏见。例如，关于自我的核心认知可能是"我一点都不讨人喜欢"——无趣、普通，无法引起别人的注意与喜爱。我们对整个世界的看法都是建立在这个核心认知之上，但人们很少意识到这一点。想象一下，如果你一直都戴着墨镜，周围的一切看起来都比实际更黑暗。如果你完全没有意识到自己戴着墨镜，那么你可能会认为这个世界本身就是黑暗的。这就是核心认知，一副左右你看法的有色眼镜。

认知与事实

我们常常会混淆认知与事实。举个例子，假设在一个陌生的城市，深夜里你独自一人走回酒店，路上一个人也没有，此时你突然听到有两个脚步声不断逼近，你心想：我一定是遇到坏人了，他们可能会杀了我。你越想越紧张、害怕，于是加快了脚步，生怕自己被追上。

但如果你换个角度想想，这两个人可能也刚开完会，也许他们和你住的是同一家酒店，那么你就不会感到害怕，甚至还会觉得安心，会慢慢走回酒店。

在这两种情况中，初始设定的情景是一致的——深夜独自一人走在路上，身后有两个陌生人快步尾随。不同的是你对这个情景的认知究竟是危险的还是安全的。同样地，在日常生活中，我们的认知也有两面——对与错。

当我们焦虑、愤怒或是悲伤时，我们常常会把自己的想法视为事实，根据脑海中的想法肆意下结论，例如：我的伴侣肯定是爱上别人了，他一定会背叛我，我再也不是那个特别的人了。这些想法并不一定都是正确的，但在找到真相之前，谁也无法判断。

核心认知就是事实吗？

试想，如果我对你说："我觉得我是一匹斑马。"你可能会用异样的眼光看着我，心想我肯定是疯了。但如果我坚持说："我百分之百肯定我就是一匹斑马。"这时候你到底该不该相信我？让我们来看看事实。我照了照镜子，会发现我身上没有任何黑白条纹，我看起来连匹马都不像，更别提什么斑马了。

当我们感到愤怒或焦虑时，我们常常把自己的想法视为事实，坚信自己是对的，并且把这份自信当作证据。但物质并不为人的意识所转移，即你的自信并不能作为真正的证据。

仔细辨别你脑海中导致嫉妒的核心认知。结合事实和逻辑来确定真相。你的认知可能是对的——也许你的伴侣正准备背叛你——但也有可能这只是你的想象。

引起嫉妒的通常是一些消极的核心认知，而我们恰恰将这些认知视为了事实。下面我们来看几个常见的例子。

- ○ 如果你认为自己不够有魅力，不讨人喜欢，那么你可能就会害怕伴侣爱上其他比你有趣、比你有吸引力的人。
- ○ 如果你认为自己无法照顾自己，需要别人的陪伴，或者自己一个人是肯定不会快乐的，这种核心认知会让你害怕失去对方，失去陪伴你、照顾你的人。
- ○ 有些人认为自己是独一无二的，具有强烈的优越感。因此，在这种认知下，你担心的是别人对你的地位造成威胁：如果我的另一半移情别恋了，这就意味着我不再是特别的、独一无二的了。

我们核心认知的对象也可以是其他人，对他人的行为进行揣测、判断。这种认知会导致嫉妒，因为对伴侣的任何负面判断都有可能会威胁到你们的关系。而在恋爱关系中，人们往往会有非常不切实际的观点，比如伴侣必须喜欢自己的一切。这类想法导致你过于重视伴侣和他人对自己的看法，并且会因为他人的看法和评价而影响自己的情绪和自信心。

寻求肯定而非事实

核心认知的另一结果是判断偏见。我们总是倾向于寻找能够验证自己原有观点的信息。但我们很少意识到这种偏见——这是大脑的自动选择，即寻找能够证明自己的信息。

因此，如果你对自我的认知是无趣的，那么你的大脑就会自发

地收集和佐证这一自我认知的信息。比如，当有人在你说话时打哈
欠，或是改变话题时，你会认为自己所说的话没有什么意义，令人
觉得无趣，而不会去想其他的原因，因为你只能看到与你认知一致
的信息。

记忆同样也倾向于那些证实我们核心认知的信息。当人们情绪低
落时，他们会选择性地回忆失败、拒绝和失望。他们的记忆是由目前
的情绪和对自己的消极认知引导的。

我们对自己的核心认知也是如此——我们选择性地记住那些与自
我想法一致的信息。事实上这并不是我们想要的，这仅仅是我们的大
脑在自动运行。在本书的后半部分，你将学习到如何减慢大脑自动思
考的速度，并以较为公正客观的方式检查各个信息。

判断偏见同样适用于对其他人的认知。例如，如果你认为其他人
不可信，那么你就会选择性地注意并回忆其撒谎、欺骗和操纵他人的
信息。

问题就在于我们总是倾向于关注那些证实我们原有认知的东西。
核心认知大多过于笼统（男人不可信）、刻板（肆意运用），且受判
断和偏见的影响（寻找符合认知的信息）。假设你的核心认知是人都
是不可信的，并且你的大脑开始自动运行来确认这一点。从此刻开始，
你仿佛就学会了读心术："我的妻子在撒谎"，"她爱上别人了"或
"她一定觉得我很无趣"。你选择性地注意到了最细微的细节：瑜伽

垫还在家里，因此她肯定在撒谎。你可能注意到她正在看着她的老板，根据你的读心术，你推断她可能想和老板发生关系。在几乎没有任何证据的情况下，你就开始预测未来，同时小看甚至忽视任何她依旧忠诚的迹象，因为这并不符合你的核心认知，即她像其他人一样不可信。我们简单来看一个判断偏见的例子：

- 核心认知：人都是不可信的。
- 寻找证据："我的妻子说她上瑜伽课去了，但是我看到她的瑜伽垫还在家里。"
- 忽视任何积极的迹象："她每晚都给我晚安吻，但我想知道白天她还亲吻了谁。"
- 放大负面信息："我无法阻止自己去想我妻子看她老板的眼神。"

如果你的核心认知和某些既定事实产生矛盾，那又该怎么办呢？例如，你所信任的家庭医生就是位女性。此时你会为自己辩解开脱："凡事总有例外，但大部分女人都是不可信的。"

此外，我们还会通过一些坊间传闻来巩固和加深自己的核心认知。八卦传闻的特点就是很容易被记住，并容易传播。例如，"你忘了苏珊的老公是怎么背叛她的啦？"这些八卦传闻总是被描述得分外生动，听者的脑海中不自觉地就会有画面感，从而由一个画面构想出整个故事的开头、高潮与结尾。但是，一个传闻就能代表整个世界了吗？

我们不会去想有多少人是忠实可靠的，有多少人是不可信的，因为我们的大脑拒绝去考虑这种概率性的问题。我们总是倾向于关注有故事和画面的信息。这也是为什么新闻总是喜欢播出有视觉冲击力的视频。

对于与我们个人相关的信息，我们同样选择了偏见。例如用谷歌搜索"事故"一词，能够找到 4.18 亿个结果。因此我们得出结论，我们应该随时戴好头盔，哪儿也别去，就待在家里。我们不会去搜索"安全"或是"事故的可能性"这种词条。因此，这种选择的偏见引导我们认为世界是危险的。嫉妒和我们的核心认知也是如此，我们总是不断证明自己是正确的。

认知来源

我们的自我认知大多是在童年时期建立起来的。以下是一些导致嫉妒的常见认知。

- 如果我们身边都是些不可信、不正直、靠不住的人，那么我们很可能会建立起"人都是不可信"的认知。
- 如果周围的人都认为外表就是一切，那么我们可能会将外表的吸引力作为建立亲密关系的唯一必要条件。因外表魅力而建立起感情关系的双方，往往会因为出现了外表更出色的第三方，而产生嫉妒。
- 从小缺少父母的关注会让我们产生自卑、无法肯定自我的认知。我们常常自我消化这种认知，从而导致我们不再信任身边的任何人。

想想你对自己以及对他人的核心认知，它们是否具有显著的特征呢？你的童年乃至现在，有哪些经历不断加强了这些认知？我们一起来看看下面这个例子。

在格温的童年记忆中，父亲大多数时候都忙于工作，即便是在家的时候，也几乎没有时间陪她。那个年纪的格温完全没有意识到父亲对她的爱，更不知道在父亲心中她有多么聪明而富有创造力。她只知道父亲整天埋头工作，致力于他的研究，总是担心自己会落后于人。长大后，格温发现自己与他人相处时会刻意营造和重现这个儿时的场景，她追求的就是这种得不到的、有神秘感的男人。

你的核心认知

关注自己及他人的核心认知有助于进一步了解哪些因素可能会引起嫉妒。结合自己的童年经历以及成年后较重要的亲密关系，思考以下问题。

- 你是否较关注外在的事物，包括相貌、身材、财富、成就、性格等？
- 取悦他人是否会让你感到压力倍增？
- 你是否认为不会有人单纯因为你这个人而爱上你？
- 你是否认为没有人会永远陪伴着你？
- 你的父母是否从不考虑你的感受？

- 你是否担心过父母有一天会离开你?
- 你是否认为父母已经对你失望了?
- 你是否差点被抛弃,哪怕只有一丁点可能?
- 你是否曾感觉到父母的婚姻出现了问题?

每个人都有自己的弱点,我们都可能有不完美的童年、不完美的父母以及不完美的亲密关系。有些人会因此而成长,而有些人会因此而变得更加脆弱和悲观。这些痛苦的经历在我们的身上留下了印记,最终成为嫉妒的一部分。

二、制定规则

嫉妒思维的第二部分是制定规则,包括制度、想法、假设等。我们会制定一套规则,这些规则不仅被套用于我们自身,同样也被用在他人身上。这套规则通常是:如果发生这种情况,那另一种情况肯定也会发生。例如,下雨天,我不想被雨淋湿,因此如果下雨的可能性很高,那我就会带一把雨伞。

这套规则基本是自动运作的,就像是一种思考反射,在我们看清事实之前就在引导我们去相信某些事情。这套规则也许并不那么显而易见,但我们可以参考焦虑、愤怒和悲伤的模式,来看看这套规则是否会导致嫉妒。

这套规则可能会让你觉得，如果你遵守这些原则，那么你就可以预测甚至控制未来。这些规则对你而言很重要，因为你认为它们将会保护你。你可能认为你的规则是符合现实的，可以帮助你预测、控制未来，帮助你尽早摆脱困境，免受伤害。但同时你的规则也可能导致你反应过度，忽略过程，直接跳到结论，最终毁了自己。

这些规则适用于我们自己、他人以及亲密关系，通过这些规则，我们能够更好地了解别人对我们的看法和感受，也更清楚自己要的是什么。但有些规则也能够激发嫉妒，下面我们来仔细看看哪些常见的规则会带来潜在的嫉妒，这些规则又是否适用于你。

对外规则

- 我不能信任任何人，因为他们会背叛我。
- 如果某人因某件事令我失望了，我就再也无法信任他了。
- 为了真正信任我的另一半，我必须知道他的每一件事。
- 如果我的伴侣真的爱我，那么在他眼里不会有人比我更有吸引力、更有趣了。
- 我不能依靠任何人。
- 不论男女，大家都想要更好的选择。

对内规则

- 我应该永远都是最有魅力的。
- 我所做的一切都应该得到他的认可。
- 我必须取悦他人，以免他们觉得我无趣。

- 恋爱才能使我快乐。
- 我不能让别人失望。
- 我要永远快乐而安心。

相处规则

- 我们要永远非常快乐地在一起。
- 我需要知道自己伴侣的每一个想法和感受。
- 我们的性生活必须十分和谐。
- 我们从不吵架。
- 不论何时，只要我需要，他必须在我身边。
- 我必须时刻准确地知道我的伴侣在哪里、在做什么、和谁在一起。
- 我们之间不能有任何秘密。
- 恋爱关系非好即坏，容不得半点模糊。

这些规则会带来什么样的结果呢？我们来看看这条规则：如果我的伴侣真的爱我，那么在他眼里不会有人比我更有吸引力、更有趣了。结合下列问题，看看上面这条规则的合理性。

- 除了你之外，这个世界上再没有人比你更有魅力了，这一点说得通吗？
- 你是否有时也会觉得别人挺有魅力？
- 这是否意味着你自己也是不可信的？
- 你是否有时也会觉得别人挺有趣的？
- 认为一个人有魅力或是有趣，是否就意味着你会背叛你的伴侣？

没有人能够符合这条规则背后的期望，因此这条规则注定会令你感到失望和没有安全感，并且感到嫉妒。不妨换一个更现实、更实际的想法："这个世界上有魅力有趣的人很多，但这并不代表我的伴侣会不爱我或是背叛我。"

再来看看这条规则：恋爱才能使我快乐。这条规则又会给你带来什么结果呢？

- 这条规则暗示的是没有爱情，你就无法快乐，这样解释的话你是否会更容易感到焦虑、嫉妒呢？
- 你是否会更害怕失去这段感情呢？
- 单身会令你感到痛苦吗？
- 开始这段恋爱前，你没有哪怕一刻是快乐的吗？

恋爱并非快乐的唯一来源。即使没有这段关系，你也有可能获得快乐。

还有这条：我必须时刻准确地知道我的伴侣在哪里、在做什么、和谁在一起。

- 这条规则是否令你感到焦虑、嫉妒甚至是无助？
- 你确定真的能够准确无误地了解你的伴侣在做什么吗？
- 你的伴侣是否也总是很清楚你在做些什么呢？
- 你是否认为，如果你不了解这些情况，你的伴侣就是在背叛你？
- 如果你的伴侣不知道你今天去了哪里，这是否就意味着你背叛了他呢？

最后再来看一条规则：我需要知道自己伴侣的每一个想法和感受。

- ○ 你是否认为拥有个人想法和感受是危险的？
- ○ 你为什么认为它们是危险的呢？有什么依据吗？
- ○ 你自己是否也有一些想法、回忆或是幻想不想与他人分享呢？
- ○ 不分享是否代表你是不可信的呢？
- ○ 这个要求是否让你更难以信任他人，引导你质问自己的伴侣，或者引起争吵？
- ○ 如果双方都有一定的私人空间，会导致什么问题吗？

如果你总是要求完美，追求绝对肯定和完全满意，那么其实是你将自己置于挫折、苦难和嫉妒之中的。回想一下你为自己制定了哪些规则，并思考其合理性。多些包容，少些完美主义，你的生活是否会变得更好呢？你的身边是否有很少提要求的朋友，他们总是活得很痛苦吗？

三、偏见

嫉妒思维的第三部分指的是常见的思想偏见。这些扭曲的想法会自动、自发地来到你身上，就仿佛它们自己在思考，最终导向不信任和嫉妒。下列 12 种常见的思想偏见都有可能引起嫉妒，看看其中有没有你所熟悉的。

1. **妄加揣测**：不需要借助任何证据，你就认为自己知道伴侣或是其他人在想些什么。例如，"他觉得她很性感"或是"她在勾引我丈夫"。

2. **悲观预测**：你对未来很悲观，总觉得事情会越来越糟，未来一片黑暗。例如，"他肯定跟别的女人跑了"或是"她肯定会出轨的"。

3. **灾难化**：你认为已经发生的或是即将发生的事情肯定会非常可怕，一定会超出你的承受范围。例如，"如果我被背叛了，我肯定会崩溃的"或是"他觉得其他女人有魅力，我们之间肯定完了"。

4. **乱贴标签**：你总是为自己和其他人贴上负面的标签。例如，"我很无趣"或是"他就是个骗子"。

5. **缩小积极面**：你认为任何与你有关的积极的事情都是微不足道的。例如，"她说她爱我并不代表她就不会欺骗我"或是"虽然我们有很多美好的回忆，但我仍然不能相信她"。

6. **放大消极面**：你几乎只关注消极情绪，而很少注意到积极的一面。例如，"我们好几周没有性生活了"或是"我们吵过一次架，所以现在我们的关系非常糟糕，他很可能会离开我"。

7. **以偏概全**：一件事情不顺心，你就会把情绪发泄到所有事情中。例如，"每次和其他人一起出去，她都很轻浮"或是"他似乎对我失去兴趣了，因为昨晚我们没怎么说话"。

8. **非黑即白**：不论是看人还是事情，你都只有两个极端观点，非黑即白，非好即坏。例如，"我们之间一切都进展得不顺利""她对感情完全没有兴趣"或是"我们总是在争吵"。

9. **主观臆断**：你关注的始终是事情"应该"怎么样，而不是事情本身。例如："我们应该始终因对方而感到兴奋"或是"我的女朋友永远不应该认为别人有魅力"。

10. **独揽责任**：你总是独自承受亲密关系中的任何问题，仿佛任何事情都与你有关。例如，"如果她觉得别人有魅力，那肯定就是觉得我无趣了"或是"他总是沉迷于网络，肯定是对我失去兴趣了"。

11. **推卸责任**：你总是把别人作为你负面情绪的来源，而拒绝改变自己。例如，"我会没有安全感，完全是因为她没有给我足够的关注"或是"他跟另一个女人交谈就是为了让我嫉妒"。

12. **情感推理**：你总是通过感觉来推断和解释现实。例如，"我感到焦虑，所以我的伴侣肯定做了什么事"或是"我觉得无趣，那么我的伴侣肯定会去找更有趣的人"。这些消极的想法不断巩固你的规则或假设："如果她喜欢上别人，那么她肯定会背叛我的。"从而证实了一个核心认知："没有人会爱我的。"

以上这些偏见是如何相互作用的呢？首先，大脑有可能会给你一个明确的信息——你的伴侣正想着其他更有魅力的男人。你会因此感到焦虑、气愤，因为这触及了你的自设规则："如果我的伴侣发现其他男人更有吸引力，那么她一定会背叛我。"这个明确的信息最终会引导你形成一个自我核心认知：在某种程度上，我还不够好，不够有吸引力，太过无趣。因此，你变得沮丧，试图通过封闭自我来保护自己。

凯文打算和女友斯泰西一起参加一个派对，而她的前男友艾伦也会在场。他心想：

"斯泰西肯定会觉得艾伦很性感。"——悲观预测，妄加揣测

"如果她觉得艾伦性感，那就说明她觉得我不够有魅力。"——独揽责任，妄加揣测

"我无法容忍她觉得其他男人性感。"——灾难化

"我知道他们已经分手了，斯泰西说她现在爱的人是我，但我不能指望这么一句口头的表达。"——缩小积极面

"如果她离开我，那对我而言简直就是世界末日。"——灾难化

不难看出，通过上述一系列消极的心理活动，凯文得出结论：斯泰西很可能会抛弃他，回到艾伦身边。看到这里，我们不妨尝试着通过以上的例子来好好审视一下自己消极的、有偏见的想法，看看它们是如何激发嫉妒的。

四、焦虑与反刍

嫉妒思维的第四部分是对未来的消极预测（焦虑）以及持续停留在过去或现在的负面情绪中（反刍）。焦虑和反刍十分相似，它们都是被困在消极的想法之中。也就是这时，我们被思想所挟持，思想占

据了绝对的主导地位。

"他发现其他女人更有魅力",你的大脑中可能会有这样消极的想法,对此,你可能会予以驳斥,或是选择接受。一旦有了这些应答,你就不会执着于某个想法,而是选择放手。但如果你感到焦虑,你的大脑就会像陷入泥泞的车轮一样,不停地旋转,你会不断去想可能发生的事情,想得越多,产生的负面情绪也就越多。你会开始思考你的伴侣如何对别人更感兴趣,你因此变得更加焦虑和愤怒,而且这些想法会一直盘旋在你的脑海之中,无法摆脱。此时如果你陷入沉思,你可能会回忆起过去种种消极的情绪——"我记得上个月在一次聚会上,那个男人对她说了很多话"——然后你的思维就会持续停留在这件事上。

既然不论是焦虑还是反刍,我们都会感觉更糟,那么我们又为什么要这样做呢?焦虑通常与"如果"有关,而反刍往往是关于"为什么"。当我们嫉妒时,我们会想:"我需要担心未来,以便做好应对。"焦虑是因为我们以为这会有所帮助,反刍则是因为我们认为这能够帮我们理清并解决问题。照这样看来,焦虑和反刍似乎是应对拒绝、背叛和抛弃的一种策略。然而嫉妒其实也是一种愤怒和焦虑。

重复焦虑的问题在于它最终会导致更多的焦虑和抑郁。这就像打开一个文件柜,里面装满了生活中的糟心事,突然间,这一团糟涌向你。你被这些消极的情绪所淹没,任由自己的想法向它们靠拢。此时此刻,你的情绪、你的想法以及你眼中的现实都是一样的。你很难回过神来,也很难意识到这只是一个想法或一种情绪,一切糟心的事终究都会过去的。你不仅可能会感觉很糟糕，更有可能会错过当下生活中积极的事物。当你沉溺于虚构的消极情绪中时，你将无法享受现在的生活。

另一个焦虑的原因是你无法接受不确定性，这种不确定的感觉令你抓狂。在你的想法中，不确定性表明背后肯定掩藏着不可告人的东西，也就意味着肯定有不好的事情会发生。或许最重要的是，你认为任何事都是可以完全确定的。因此，你可能会认为只要一直思考，最终肯定会得到绝对的答案。

但在这个瞬息万变的世界上，没有什么是绝对肯定的，追求确定性注定是毫无结果的，只会让你陷入消极情绪的无限循环。每当你想到："我觉得他是值得信任的"，你便会产生另一个疑问："但我能绝对肯定吗？"因此你抗拒任何积极面，陷入焦虑。在本书第六、七、八章中，我们将介绍一些有效的方法，帮助你摆脱焦虑，回到正常的生活轨道上。

反刍——长时间沉浸于负面情绪——其实与焦虑类似，但反刍倾向于关注过去的事或问自己一些没有答案的问题，例如"为什么会发生这种事？"或"我什么时候才能心情好转？"反刍的人往往更容易抑郁。当我们陷入反刍时，我们总以为自己可以获取所有信息，弄清事情真相。因此，我们的大脑不停运转，不断问自己或伴侣一些无法回答的问题，并拒绝任何不完整、不满意或是虚假的答案。反刍让我们无法正常生活：我们无法享受眼前的快乐，因为我们始终活在过去的记忆中，执着于解答那些负面的、根本没有答案的问题。

嫉妒思维

在本章的开篇我们提到了嫉妒模式，而嫉妒思维正是其中的一个环节，其他环节，包括感受、行为、应对策略以及沟通方式，我们将在后面逐一讨论。首先，我们先将嫉妒思维的各个部分整合在一起，看看我们的大脑是如何思考和运作的。

首先，我们对自我及他人有一些基本的核心认知，例如"我不配得到别人的爱"或"人都是不可信的"。结合内心制定的规则——"我必须完美，才会有人爱我"以及"我的伴侣必须喜欢我的一切"，还有"其他人会威胁到我与伴侣之间的恋爱关系"或"如果我的伴侣觉得其他人更有魅力，他会背叛我的"。于是我开始寻找线索，不断放大消极面，从而对未来感到无限的焦虑和担忧。

所有这一切都源于我最初的核心认知："我不配得到别人的爱"，这个假设认为"我必须完美，才会有人爱我"。所以我选择性地关注自己的不完美之处，夸大其影响，并认为自己的感情关系会因此变得岌岌可危。然后，我开始揣测（"我的伴侣肯定觉得我很无趣"），独揽责任（"她打呵欠肯定是觉得我太无聊了"）以及预测未来（"她肯定会选择别人的"）。嫉妒模式让我不断强化嫉妒，试探伴侣，怀疑自我，增加焦虑与愤怒。这一切就像用力踩了一脚油门，最后惊讶地发现自己正冲向悬崖。

嫉妒思维的另一种模式源于判断偏见——大脑自发的想法，最后再回到我们的核心认知。试想一下，我认为我的伴侣现在对我根本提不起兴趣。为什么我会因此感到困扰？（毕竟大部分人都有无聊的时候。）其实，真正让我困扰的原因是，这个想法激活了我内心的规则："我必须完美，这样我的伴侣才会一直爱我。"是这个既定的规则和假设强化夸大了负面信息："我这个人很无趣。"或许如果你内心没有这个规则，偶尔的无趣也是可接受的。

如果伴侣离开自己，投向别人的怀抱，我们为什么会那么不安？因为伴侣的离开进一步证实了我们的自我认知：我是个无趣的人，不配得到别人的爱。但如果我认为自己很有魅力，可能会换一种想法："她背叛了我虽然不是什么好事，但我有足够的魅力吸引其他女人，或许我会找到更好的。"

核心认知与内心既定的规则通常是同时被激活的，随即启动的是我们的威胁检测系统——寻找线索（"她根本不在她妈妈家。"）、开始揣测（"她脑子里想的是谁？"）、独揽责任（"她不说话是因为觉得我无趣。"）。然后，大脑激活了我们即将讨论的应对策略——焦虑、反刍、质问、试探、预测与疏远——来找出事情的前因后果。"另一半常常对我发火，我们之间的关系也越来越远，因此我总觉得我们快要分手了。"所有的想法、规则和认知都自发地激活了应对策略，但这一切只是让事情变得更加糟糕罢了。嫉妒模式已经占据了主导地位，随时有可能毁了自己的亲密关系。

嫉妒思维其中的三个部分

核心认知	既定规则	判断偏见
对内："我不配得到爱。"	"我必须完美,才会有人爱我。" "我的伴侣必须爱我的一切。"	我只看到自己的缺点,忽略自己任何的优点。
对外："我无法信任另一半。"	"其他人会威胁到我的亲密关系。" "如果我的伴侣觉得其他人更有魅力,她就会背叛我的。"	妄加揣测："我的伴侣觉得他很有魅力。" 独揽责任："肯定是我太缺乏魅力了。" 预测未来："她肯定会背叛我的。"

情绪绑架

　　一位名叫萨拉的女性常常因嫉妒而感到崩溃,下面我们来研究一下她的案例,看看你是否也有过同样的感受。

————————

　　每次肯特出差,我都有种无法忍受的孤独与绝望。我脑海中总是浮现出他和其他女人调情的画面,每次一想到这些,我就会莫名地焦虑,感觉自己像疯了似的。我不知道该怎么办,这些感受就好像扎根在我的身体里,我不知道该如何摆脱。我无法用语言来形容这种感觉,这就像在看一部恐怖电影,我的心跳得飞快,会有种想哭的感觉。好几次我都泪流满面。我觉得我失去了控制。

————————

萨拉的经历并不罕见。她意识到自己有很多不同的感受，这些情感都太强烈了，她觉得再这样下去，自己早晚有一天会疯的。她担心如果不摆脱这些情绪，他们的关系会变得越来越糟，最终导致她失去控制。因此，她感到困惑、无助、不知所措。

仅仅是一些想法或假设并不足以引起嫉妒。事实上，你的想法"我的伴侣对别人更感兴趣"，可能只是你脑海中思绪斗争的一部分，而你更可能是被这些想法带来的情绪所困扰。例如：

- 焦虑，对即将发生的事情充满了不确定，害怕失去和背叛；
- 愤怒，觉得自己被操纵、羞辱或是受到不公正对待；
- 疑惑，因为你不知道到底发生了什么；
- 矛盾，因为你害怕你爱的人会伤害你。

这些情绪可能会一波接一波地产生，它们有时会消失，有时会停留，有时甚至会让你感到麻木。有时候，你可能觉得自己根本无法控制这些情绪，因为它们是如此激烈、直接，而且是自发的，毫无防备。很难想象这些情绪可能是暂时的，也许几个小时后你的情绪就与现在完全不同了。

当大脑处于嫉妒模式时，你只能被动地承受、屈服，除此之外，无能为力。此时的你仿佛被情绪所绑架。你可能会反击、退缩、威胁或说出让自己后悔的话，事后又认为是这些情绪促使你做出这些出格的事，自己并不想这样。

　　这就是情绪绑架，而可怕的是你始终认为自己是这些情绪的受害者。有时候，这些情绪似乎没有任何意义，甚至当真相最终浮现出来时，才发现引发嫉妒的原因竟如此微不足道。你可能会认为，如果不找到情绪激动的原因，自己就将无计可施："我都弄不明白，又怎么控制？"另外，当你处于这些情绪之中时，会产生一种认识——它们将永远伴随着自己，并且越来越强大，直到将自己压垮。这种情绪绑架了你的思想和灵魂，引导你干涉、攻击、疏远甚至是威胁伴侣。你对自己说："我不能忍受这种感觉，我必须马上摆脱它们。"看看下列想法是否与你的想法一致。

- ◎　我无法忍受这些感觉了。
- ◎　我快要被这些情绪逼疯了。
- ◎　根本没有人理解我。
- ◎　我不应该这样。
- ◎　只有我会产生这种感觉吧。
- ◎　情绪激动很危险。
- ◎　我肯定是有哪里不对劲，才会产生这种感觉。
- ◎　这些情绪让我无所适从。
- ◎　如果我不马上摆脱这些情绪，它们肯定会越来越强烈。
- ◎　这些感觉肯定会一直持续下去。
- ◎　我必须马上采取行动，摆脱它们。
- ◎　我难以承受。

当你在阅读以上文字时，请尽可能忠于自己真实的想法。以上想法反映了各种情绪的错误认知，例如你的情绪（如愤怒、焦虑、悲伤和无助）是无法控制的，会无限期地持续下去，毫无意义，必须立即消除它们。

你的情绪就像突然响起的警钟，预示着一场灾难。但情绪是在你的内心发生的活动。警钟与灾难也是两码事。情绪积压到一定程度之后便会爆发，而一旦爆发，你就知道该怎么做了：承认自己的每一种情绪；暂时认可并接受它们；退一步审视自己的想法、感受、关系、正在发生的或你怀疑会发生的事件以及你能做的选择。

对于我们很多人来说，似乎没有什么比情绪绑架更可怕了。没有人愿意让情绪凌驾于日常生活之上，甚至控制自己的内心和思想。但我们也无法消除这些情绪，因为它们也是生命的一部分。有些东西总是相伴而来的。例如，有爱的地方就会有嫉妒。

到目前为止，你已经了解了嫉妒的发展及其普遍性，例如它如何存在于婴儿和动物的身上。因此，你从来都不是一个异类。尽管这些情绪可能很强烈，但所有的情绪都会随着时间而消退。但如果你被情绪绑架，事情似乎就不同了。但如果这一刻的感觉下一秒就消失了呢？如果现在让你嫉妒的事情，将来根本就不值得一提呢？回想一下以往的经历，或许被情绪绑架时很难想明白这些道理，但现在回过头看看，几年前曾困扰你的事情，现在是否也云淡风轻了呢？

在本书的第三部分中，我们将展示一系列有效的技巧，来帮助你更好地应对情绪绑架。我们将通过一个完整的计划，帮助你识别诱因，摆脱困境，并承认当下的感受。最终，你能够根据自己的意愿做出选择，而不是受控于情绪。

你可以从接纳嫉妒开始，这是一个痛苦而困难的过程。但你要记住，你并不是一个人。这本书是为你而写的，是为了告诉你这些情绪是人类的一部分，而人类的另一部分则是摆脱这些情绪，不受情绪控制冲动行事，坚持自己的选择。

被嫉妒绑架时，当情绪到达内心最深处，你可能会害怕地尖叫，认为这种情绪会一直持续下去，甚至发生更糟糕的情况，就像搭乘了一趟注定会发生事故的过山车。但事实上，搭乘过山车的过程、结局并没有你想象的那般可怕，只是前进、减速或是下车，而选择权在你手中。

在下一章中，我们将具体回顾探讨嫉妒时你所说的或做的一些"傻事"。我们姑且称之为"策略"，因为你可能认为这些反应对摆脱嫉妒有所帮助，或是受情绪控制，没有选择余地而做出的应对。在第六章中，我们将探讨如何暂时摆脱嫉妒，接纳当下以及过去曾困扰你的想法和感受。

情绪和想法都会成为过去，但你仍然会在这里。

第五章　导致朋友或伴侣离开你的嫉妒性行为

　　我觉得他很有可能在这次出差途中和丽丽走得很近，甚至拿我和她做比较。每次一想到这里，我就来气，但是又害怕他会抛弃我。所以他出差回来后，我就开始跟踪他，质疑他有外遇，常常冲他发火，骂他是个骗子、混蛋。而他总是一脸疑惑。后来他跟我说："莎伦，丽丽那次出差根本就没去，她的孩子生病了，所以她必须留下来照顾孩子。"那一刻我觉得自己简直是疯了，还做了那么多荒唐的事情：我查了他的车载定位位置，就为了看看他是不是去见丽丽了；我跟踪他到了健身俱乐部，因为我知道丽丽也是健身俱乐部会员，虽然我根本不知道

他们是不是在同一个俱乐部。现在想想我真是懊悔
不已，因为嫉妒，我总觉得自己该做些什么，总觉
得自己能发现什么真相。我肯定是疯了。

————————

大多数人或许都跟莎伦一样，一开始根本无法接受自己的嫉妒、
焦虑和愤怒，因为每个人都害怕这些情绪会一直持续下去，并且不断
加强，最终压垮自己。采取任何行动都是为了阻止这些情况，就像溺
水的人一样，因为害怕淹死而不断拍打水面来挣扎，但最后往往会因
此而下沉。

在这一章中，我们会探讨和分析一系列常见的嫉妒应对"策略"，
尽管我称之为"策略"，但并不是说你有意地选择了这些行为，它们
通常是自发的。你可能会想：没错，我确实说过、做过这些，我是在
嫉妒。但如果你能够意识到自己正处于紧张的状态，你便可以退一步，
给自己几分钟时间去回顾并思考接下来该怎么办。感觉和行动是完全
不同的两回事。

我们前面已经探讨过焦虑与反刍了，我们通常使用这种"策略"
来预测即将发生的事情，猜测可能存在的不忠行为，并试图在事情失
控之前进行有效的控制。在后面的章节中，我将列举一系列有效且易
实施的嫉妒应对技巧与策略，但首先让我们回顾一下现阶段你面对嫉
妒时会犯的一些错误。

下文中所提到的任何"策略"都有其优缺点，并非完全不可取，

重点在于你是否能够权衡好利弊，考虑到风险，准备好替代方案。请记住，你的每个反应或策略都是一种选择，因此希望你能够考虑好可能发生的结果，并准备好其他备选方案。

质问或审问

第一种"策略"是质问或审问你的伴侣。你会询问事情发生的每一个细节，因为你什么都想知道，你认为知道得越多，对自己就越有利。并且你要的是百分之百肯定的答案，容不得半点隐瞒。

你的问题可能是非常细致的，因为这样你才能仔细观察伴侣的反应，例如："你聚会时玩得开心吗？有我认识的人吗？"或者你的问题可能更直接："卡罗尔参加了吗？你和她说话了吗？""谁坐在你的旁边？"有时候问题听起来可能有指控的意味："你是不是在和别人幽会？"你可能会问很多问题，力求发现更多细节，甚至会换不同的表达去问同样的问题，像律师审问当事人一样。

你对伴侣的质疑越多，他可能就会越抵触，甚至对你产生防备，他们会反驳："我没有做错任何事。"但这种防备在你看来，就是他们隐瞒事实的证据。你会揪着这个话题，提出一个又一个问题。这就像是一个法庭游戏，你的伴侣是被告，而你既是原告又是法官，因此不管你的伴侣说什么，你都会判他有罪。

那么这种方法的优缺点在哪里？缺点主要包括伴侣日益增长的抵触情绪，越来越多的争吵以及双方信任度的下降。伴侣会感觉自己受到了攻击和诋毁，而你觉得自己被对方忽视甚至操纵。持续的质问甚至可能会导致伴侣再也不与你分享任何事情。争执、吵架不断升级，双方甚至开始疏远彼此、逃避彼此，最终感情破裂。这种关系的结束，不是因为不忠，而是因为质问带来了没完没了的争论，这种争论使感情出现了裂缝。

你也许会想这个方法还是有优点的，或许可以检验你的伴侣是否对你有所隐瞒，是否对你撒谎了。如果你的伴侣拒绝讨论任何事情，那么很有可能他确实在回避什么。但喋喋不休地追问并不能很好地解决问题，试着平复自己的心情，找一个时间和对方坐下来好好谈谈，说不定事实并没有你想的那么糟糕。

寻找线索

正如我们在上一章所讨论的，嫉妒往往是由特定的认知所激发的，例如你认为你的伴侣可能试图掩盖某些东西，比如暧昧、幽会甚至是外遇。但你无法确定，因此你开始寻找线索，以证明如你所想，伴侣确实存在着不忠的行为。在上文中，我们看到了莎伦是如何质问她的丈夫，其中也提到了她是如何为自己的猜想去寻找线索的，比如检查她丈夫的车载定位位置等。但这些举措最终只会带来更多的质疑与矛盾。下面我们再来看一些例子。

- 你开始注重伴侣的外表：他是否开始讲究自己的穿着打扮，是否看起来更性感更具诱惑力了，他是否更在意自己的外表？
- 你想知道为什么以前他不注重打扮——不为了你打扮！

- 你可能会去闻他的外套，看看是否有香水味或是烟味（如果他不抽烟）。
- 你想知道他去了哪里，因此你查看车载定位系统、手机。
- 你查看他的 Facebook，看看他都关注了哪些好友，他是否给其他人发过自己的自拍。
- 如果你的伴侣迟到一小时，你可能会怀疑他之前是不是和别人出去了。
- 如果你的伴侣最近对性生活表现冷淡，你会想这可能是他出轨的征兆。
- 如果你的伴侣最近对你特别好，你可能会觉得"无事献殷勤，非奸即盗"。

寻找线索的弊端在于，一开始的假设就是伴侣不忠，之后的一切行为都是试图证明这个假设是对的。因此，伴侣任何不那么让人满意的地方都有可能被你视为证据。你选择性地关注那些不重要的细节，并把小事不断放大。即使没有任何充分的理由，你也总是妄自揣测伴侣的想法。任何事情都可以被你视为线索，与此同时你总是忽略伴侣的积极行为。你所寻找的线索越多，你就越发紧绷、压抑，你和伴侣之间的关系也越来越疏远。

当然，寻找线索也有好处。或许你真的能够通过这些线索，发现被掩盖的真相，确定你的伴侣是否在欺骗你。但讽刺的是，你永远都不可能找到伴侣忠诚的线索，因为你的偏见让你忽视了伴侣所有积极的行为，甚至将其视为隐藏真相的手段。所有这些都是主观意识操纵所导致的。如果偏见占据主导，那么你几乎是不可能找到任何对伴侣有利的证据的。你需要静下心来，问问自己，是否被嫉妒蒙蔽了双眼，这样的行为能够带来什么？是为你解决了问题，还是造成了更多的矛盾、更多的不信任与更多的嫉妒？

调查痕迹

通过在社交网络上查看伴侣与他人的互动，以达到调查伴侣行为的目的。和寻找线索不同的是，调查痕迹的出发点在于他人，而非伴侣本身。

你开始将其他人视为竞争对手，甚至是嫌疑人。"那个女人是否在觊觎我的丈夫？他们之间有什么关系吗？""那个男人在对我的妻子笑，难道他们暗地里发生了什么？"如果你的伴侣和别人有说有笑，你就会猜疑；如果你的伴侣和别人有身体接触，你会感到愤怒，仿佛别人抢走了属于你的东西；如果在派对上你的伴侣与其他人共舞，你会感到沮丧："她不应该只和我一起跳舞吗？毕竟，她是我的爱人！"

莎伦之前跟丈夫一起参加公共活动时就常常使用这种"策略"。例如在餐厅，她会仔细观察女服务员跟丈夫说话的模样，看她是否冲着自己的丈夫笑，是否跟丈夫的交流比较频繁，餐厅里其他女人是不是老往她丈夫这儿看。

这个方法的弊端在于将社交竞争化了，即把自己与其他人放在两个对立面，而且大多数情况下你可能根本不认识对方。在这种情况下，你几乎无法享受社交，因为你需要时刻提防周围的威胁，有些人甚至因此选择放弃社交，尽可能减少与他人的接触。

或许你认为这个方法能够帮助你发现第三者，或者是找到可能威胁到感情关系的人，然后用这些证据来对付你的伴侣，以防止事态恶化。但问题是，你的大部分情报可能都是错误的，因为这些错误的情报导致双方关系紧张甚至最终分手，这样真的值得吗？

冷战

冷战，顾名思义，就是选择沉默，以冷漠的态度逐渐减少与伴侣的互动。你对自己说："就让他自己好好想想到底发生了什么。"你对任何事情都表现冷淡，不太说话，也不笑。你开始慢慢疏远对方：有时不待在他身边，有时不回他的电话和短信。你想让对方尝尝思念的感觉，想借此惩罚他，但你不承认自己是故意的。当伴侣问你到底怎么了时，你会假装一切正常。因为你觉得如果他真的在意你、真的爱你，他一定会知道你怎么了。但事实上他并不知道，这只会让你的伴侣感到糟糕——也许从某种角度来说，这也正达到了你的目的之一。这就像你设置了一个测试，想看看对方是否真的在乎你，但最后你的伴侣并未通过测试。

这也是莎伦表达愤怒的方式之一。冷战让她变得咄咄逼人，充满了敌意，并且她不愿意在对方面前承认这一点。当她丈夫问她怎么了时，她便矢口否认，假装一切正常，这让她的丈夫很疑惑。

冷战的缺点在于它对改善双方关系几乎没有任何帮助。如果你担心对方已经对你失去了兴趣，那么冷战则更有可能把他越推越远。你想通过冷战看看你的伴侣是否关心你，但这很可能会适得其反，因为他们可能无法理解你的行为，自然也就无法做出你想要的回应。

你可能会认为将对方推开才能真正检测他是否真的在乎你。当然，在这个过程中，伴侣可能会主动联系并尝试着接近你、讨好你。但事实上，双方共同采取积极行为才更有利于建立长远的发展关系。疏远或冷战能建立起这种关系吗？

兴师问罪

直接指控伴侣不忠诚。例如："你和她一直在见面吗？"或是"你和他发生过关系吗？"你其实并不一定知道发生了什么，但你认为把心中的疑惑表达出来是很有必要的。如果你的伴侣否认任何可疑行为，你将视此为伪装——他在说谎，试图逃避责任。你甚至可能直接指责对方，即使没有十足的证据，但你就想看看对方会如何回应：他看起来很内疚吗？他是否说话前后矛盾？或许你认为脑海中的愤怒是无法停止的，因此你必须通过语言表达愤怒从而摆脱它："我必须告诉你我的真实想法。"你可能认为你的伴侣是个花言巧语的骗子，没有任何担当的懦夫，根本配不上自己。一旦有了这种想法，你就不可能让步，会尽一切可能去证明自己是对的。因此不管伴侣说了什么，都无法改变你的态度。

莎伦曾指控她丈夫移情别恋，与其他女人搞暧昧甚至是出轨。尽管她曾告诉我，她根本没有找到任何有力的证据，而且她的丈夫看起来就像个老实人，但那段时间她完全无法控制自己的情绪。"我觉得很生气，无法控制自己，甚至不得不说出心中的一些想法。"莎伦的这个情况就是情绪绑架，她被自己的思想和感受所压制，因此她只能用指责伴侣的方式来宣泄自己。后来，当她情绪相对稳定时，回想起自己对丈夫说的话："我觉得很尴尬，他没有做错任何事，我不该这样对他，是我失控了。"

兴师问罪可能会让双方关系进一步疏远。在发出一连串的指责时，你会感到更加愤怒、焦虑和嫉妒。当然，这并不是说，就算事实确实摆在眼前，你也要装作视而不见，不去面对。但是，如果你的指责过于草率，那么这件事可能会在你们双方心中都留下一个疙瘩，难以释怀。

或许你认为兴师问罪能让你的伴侣承认自己所做的事情，这样你就能准确知道真相了；又或许，你的伴侣会因此向你证明他是完全忠诚的。但是，以上两种情况出现过几次呢？兴师问罪真的改善了你们的关系了吗？

诋毁假想敌

通过贬低自己的假想敌，你想告诉伴侣的是，你才是最适合他的人。你声称对方没有你那么有吸引力，也不像你那么聪明，更没有你有成就。他为人无趣、不可信、不正直，甚至是人品存在问题。你想要通过诋毁的方式来说服伴侣，使其认同第三者是远远不如你的，以此降低对方背叛的可能性。而且你也希望通过这种方式，看看另一半是否会为这个第三者辩解，这在你看来也可以作为伴侣是否移情别恋的证据之一。然而事实上，你对他人的贬低、诋毁言论，往往只会得到伴侣的不认同，又因此你就会愈发有疑虑。这就陷入了一个死循环。

这种策略的弊端在于，伴侣可能会因此认为你缺乏理智、针锋相对、为人不公或是斤斤计较。而无论是以上哪一种想法，都会使你们的关系产生间隙。诋毁假想敌并不能为你们双方的关系带来正面、积极的影响。即使伴侣的看法和你一致，但诋毁的行为会给人一种咄咄逼人的感觉，这对改善你们的关系没有任何帮助。

从你的角度出发，你是想让伴侣意识到其他人并不是适合他的对象，而你才是。但请换位思考一下，如果你的伴侣诋毁你欣赏的人（当然这里的欣赏指的是纯友谊）或者你尊重的人，你会有什么感觉？或许你也会为其辩解吧。

贬低伴侣

当你决定贬低自己的伴侣时，你希望通过这种方式来让他觉得能够拥有你是件多么幸运的事，希望他能因此珍惜自己，意识到因为别人而失去你将会多么可惜。你希望自己在伴侣眼中是唯一的、不可替代的。通常，你可能通过数落伴侣的长相、能力，或是用语言攻击伴侣来贬低他。而伴侣往往会因为这种贬低而感到心寒、受伤，甚至因此而疏远你。莎伦承认有时她会跟在丈夫的屁股后面，不断地数落他的缺点和长相，说他是个很难相处的人，而且能力平平。潜台词就是，怎么还会有人喜欢他？

另一种贬低伴侣的方式就是威胁，告诉他如果分手了会有什么样的后果："你将身无分文，净身出户。""我不会让你再见到孩子的。""你将孤独终老。"你试图切断他所有的念想和选择，借此告诉对方如果和你分手，他将会成为一个彻头彻尾的失败者。

贬低伴侣也是一种惩罚，惩罚对方移情别恋。通过给伴侣贴上不好的标签，你希望给对方一个教训：他做了任何对不起你的事情，都是要付出代价的。

这种方法同样可能会让你们越走越远，并且可能会受到来自伴侣的反击甚至是报复，因此如果你想要通过贬低对方的这种方法来变相地巩固你们的关系，这几乎是不可能的。如果你的伴侣将你的惩罚或是敌对当真，那么你们就可能会因此而分手——不是因为别人的威胁，而是因为你的敌意。你们的关系可能再也无法回到从前，毕竟你可能再也做不到温柔相待，与之亲近甚至是信任对方了。在伴侣的眼中，你的敌意会尤为突出，盖过以往的种种美好。

你或许想通过这种方式让对方明白：没有什么是理所当然的，没有人能够逃避现实。你以为占据上风，掌握控制权就能够留住对方，殊不知这可能会适得其反，或许恰恰正是这种敌意将他从你的身边推开。

威胁分手

当你心中的疑虑越来越多，而伴侣的行为并没有任何改变时，你可能会通过威胁要分手来测试对方。你可能会威胁离开他，把他赶出去，或是再也不见他。你可能会自己离家出走，不给他留下任何联系信息——就是让他担心，让他也体会一下你的痛苦。你给他下的最后通牒可能是："如果你再这样做，我会离开你，让你永远都见不到我。"在某些情况下，你可能会离开家，离开你的伴侣，以威胁他一切都可能会结束。

你的威胁举动，在给伴侣带来压迫、痛苦的同时，也会令人感到摸不着头脑。当然这一切，如果是发生在伴侣确实存在出轨行为的前提下，就显得理所应当了。

如果伴侣存在背叛你的行为，也并不意味着你们的感情一定走到了尽头。也不乏出现感情矛盾之后，通过重新修复双方的关系然后破镜重圆的。虽然修复的过程很艰难，但如果双方都愿意为之努力，那么结果还是可能趋向乐观的。而这一切主要都取决于双方的决定。

威胁分手这个策略自然有不少缺点。例如，如果最后你没有实施这个威胁，那么你的伴侣很可能会无视你的顾虑，也不会将分手的威胁当真。你的信誉度可能会因此下降，甚至可能导致矛盾进一步升级。对方的反应也是不可预测的，不可否认一些伴侣会为了引起你的重视或是挽回自己的可信度，而同样选择用分手来威胁你。负面行为具有高度的相互性，因为它往往会激起对方的负面反应。不到万不得已，最好不要拿分手来威胁对方。本书稍后将讨论更多实用性更强、风险更小的感情处理策略。

或许你觉得威胁分手还是有好处的。虽然分手应该是所有结果里最坏的一种了，但是你希望借此引起伴侣的重视。也许你已经以平静的方式多次表达过对彼此间感情的担忧，但你的伴侣并不以为意。你再也无法容忍这种忽视了，此时你认为只有用分手作为赌注，才能让伴侣正视问题所在，你也做好了分手的准备，认为如果结束这段关系，你会变得更好，至少不会这么痛苦，因此你选择以此来作为威胁。你可能认为摆脱愤怒和焦虑的唯一方法就是威胁分手，这至少能让你暂时解脱。没有人能判断你的决定是否正确，也没有人可以替你决定是否应该结束这段关系，但我认为在决定分手前，能做的事还有很多，你应该考虑得更全面一些。这也是本书主旨。你真的想清楚了吗？真的有必要用威胁分手来审判这段感情吗？

或许你还会通过增加威胁的筹码，来逼迫伴侣依恋自己，以达到维系这段感情的目的。你可能会通过威胁、惩罚来限制伴侣的人身自由，也可能是通过财产、名誉等条件的威胁来迫使对方就范。比如，财产分割、争夺孩子的抚养权等。

那么这样的控制策略有什么弊端吗？事实上，通过威胁控制伴侣来维持关系，这种方式向来都不是明智之举，因为在这个过程中你同样会感到压抑、痛苦，双方都会因为这个举措遭受一定的折磨。曾经有一位女士告诉我，她丈夫的嫉妒让她感到非常害怕，以至于她总是偷偷摸摸地和朋友见面，并且正计划着逃到国外，以逃脱丈夫的威胁。

想要长期控制一个人是不可能的。虽然这个策略可能会让你以为得到了自己想要的东西，但它同样可能让伴侣越来越疏远你。他可能会和你分手——并不是因为感情之中存在着第三方的介入，而是因为不想再受到你偏执的控制和威胁了。此外，这种策略还会导致控制者神经紧张、焦虑，因为你总是试图控制一些不可控的东西，例如：别人的想法、感受以及行为。

或许你想通过这个方式知道事情的进展，了解事情的真相，并让你的伴侣知道，没有人能够这样对待你。你的这些担忧在某种程度上是有道理的，但想要通过威胁控制或是惩罚达到上述目的，往往只会适得其反：你的伴侣可能因此变得更加神秘，更加疏远，开始反击甚至是离开你。你永远无法控制另一个人，更何况基于控制的关系也不是你真正想要的，也许还有更好的解决方法。

让对方吃醋

为了检测伴侣的忠诚度，你或许会公然与其他人调情，想看看伴侣是否会嫉妒、吃醋。你或许会故意告诉伴侣，你要与异性对象见面，或是和前任之间有联络，或是突然对自己的事情讳莫如深，所有这些行为都是希望引起对方的嫉妒，以证实自己在其心目中的地位依旧重要。

在人们的观念中，如果伴侣会因此感到嫉妒，那就证明他们是真的在乎、真正忠于这段感情的。然而，这个策略具有很大的风险，甚至很可能适得其反。例如，你的伴侣很可能会以此为借口为自己的行为辩解："既然你都可以这样，我为什么不行？你有什么资格说我呢？"

或者他将这一切当真了，认为你不再值得他信任，开始逐渐疏远你，甚至离开你。你的这些行为很可能被视为赤裸裸的羞辱，因此你的伴侣可能会选择退缩，最终走向分手。

或许你想借由这个测试来证明你们之间的关系。如果对方并不感到嫉妒，说明他并不那么在意这段关系，那么你可能想重新考虑自己的感情了。但在我看来，这个策略的风险太高了，因为当人们受到挑衅时，往往会无意识地做出一些有破坏性的行为，这种反应并非理智的，也并非真实的情感。

备胎策略

有些人会因为对感情关系缺乏安全感，而选择为自己的感情寻找替代对象。他们将其视为自己的"感情退路"——假如现在关系破裂，我还能有一个陪伴的人选。

备胎策略实际上对双方都没有好处。当你疏远现在的伴侣甚至开始掩藏秘密时，你们之间的亲密度会逐渐下降。你的精力会被分散，并且其中很大一部分要用来隐藏你的秘密生活。另一个缺点就是这很可能会东窗事发。试想一下，你怎么能在用嫉妒来控诉伴侣的不忠的同时，自己却也变成了不忠的人呢？

备胎策略或许确实能够减少分手带给你的痛苦，在某个瞬间甚至提升了你的自尊心。但仔细想想，你是否听到有人说过："我找了个备胎，所以我和我的伴侣关系更加紧密了。"我猜应该没有吧。

这些策略有效吗？

上文中我们分析了人们在嫉妒时常用的一些策略。在实际生活中，你也许不止使用了其中一种，甚至还有些本章中未提到的策略。请问问自己，你希望这些策略能带给你什么，并考虑它是否符合你的长期目标。

你可能会认为你没有选择，但实际上选择权一直在你手中。仔细思考审视这些策略，你的策略不一定是最好的，但要看看它是否是能够帮助你们建立尊重、信任和爱的唯一方式。每一个策略都有其存在的理由，在某些情况下可能会有所帮助。并且我们始终相信，消极行为也能够带来积极的结果。但是，正如上文所提到的，这些策略都有潜在的缺点和弊端，因此在选择时我们需要权衡利弊。

你并不是唯一一个采取上述嫉妒策略的人，应该说很多人都做过这样的事情。在下面的章节中，我们将进一步探讨其他更有效、风险更小的应对策略，毕竟我们的目的是改善与巩固亲密关系，而不是结束这段关系。

The Jealousy Cure

Learn to Trust, Overcome Possessiveness, and Save Your Relationship

Part Three

扭转嫉妒心

第六章　学会自我接纳

　　前面几章带领大家了解了嫉妒是如何操控你的情绪，以及你又是如何通过审问、寻找线索、冷战等方式来应对它的，而在本章中，我们将共同探讨一些更行之有效的应对方式。从中你会学习到如何退一步审视嫉妒而不被它操控；了解到思想、感受和行为之间的区别；重新看待那些当时看起来真实却又难以接受的消极思想。我们完全可以不受嫉妒的影响，为嫉妒留出一定的心理空间，从而更好地接受"人无完人""人人生而不同"这两个道理。有了这样的心理预设之后，我们才能更好地活在当下。

"我什么时候能不再这么想？"

在嫉妒模式下，我们的想法和感受都搅成了一团，就像被卷进龙卷风一样，我们感到害怕、气愤、疑惑、痛苦，完全掉进了负面情绪的漩涡。我们的想法也被嫉妒所吞噬，感到自己根本无力去挣脱这一切。负面情绪与想法时刻在耳边叫嚣，让人觉得毫无逃离的机会。

卡伦曾说："我觉得自己仿佛被某种无法抗拒的力量所控制。当他告诉我他在一次聚会上偶遇了他的前任，各种无法想象的可怕情绪一涌而来，我突然很想要尖叫，我不知道自己到底怎么了。"

人们似乎总觉得自己的生活应该安然无忧，嫉妒、气愤、焦虑、伤心、不安等负面的情绪都不应该出现在自己的生活中。但事实是，挫折与失望常常占据了生活的绝大部分时间，万事如意只是个愿望。有时候我们会追求"抱元守一"——一种满足、心静、常乐无忧的状态，但现实往往是很残酷的。确实，没有人能一直保持这种状态。面对痛苦时，抱元守一这种状态会强迫我们去忽略痛苦，否认这一切。

但这正表明我们已经被情绪劫持了。我们认为自己需要摆脱这些情绪，扫除这些想法，然后重回抱元守一的状态，回到平静、清明以及淡定的状态。一旦失去了这种宁静，一旦意识到内心再也无法恢复平静，我们就会觉得自己失控了。可是越是努力想摆脱这些内心活动，我们越会感到无助与彷徨。我们不知道应该向谁求救，不知道该如何拯救这被情绪风暴搅乱的身心。

面对孤独与窘迫，你不禁会疑惑："到底怎样才能摆脱这些想法呢？"你是否认为带着这些想法和感受，你的生活就无法正常地继续下去？你是否甚至觉得只有结束这段关系才能停止这场风暴？可是你爱这个人啊，你并不想失去他，你的嫉妒不也是为了留住他吗？

在这一章中，我们会探讨如何摆脱情绪的控制，真正做到与这些想法、情绪共存，即使是那些你不喜欢的情绪，就像是学着去接受节日晚餐上的怪叔叔一样。退后一步，审视它却不参与其中。通过观察并接受这些情绪，你应当更好地应对这些在大脑中叫嚣的声音，阻止其破坏你所珍视的关系。

给嫉妒一点空间

别总想着摆脱嫉妒，就让它待着吧，只要不被它控制，保持你们双方都可以接受的状态，不管它如何纠缠你、干扰你或是吓唬你，只要不让它占据主导地位就好。将嫉妒视为一次警报，尽管大多是误报，对于我们而言，警报响了，嫉妒就摆在那里，而我们要做的就是接受这个现实。

有这么一种说法：嫉妒是街道里的回声，刺耳的喇叭声，胡同里传来的一声呐喊。或许这个声音会从你的耳边传过，将你叫醒，但你并不需要过分在意它，就像听到火警声轰鸣，你总不会追着消防车跑吧。

想象一下，你们之间的感情足够强大，大到足以包容嫉妒，将其视为感情的背景音乐。一旦你接受了嫉妒存在的这个事实，当它真正出现在你们身边时，你们才能够学着去承受，共同去面对。

"但是，"你可能会说，"面对我所爱的人，我该怎么忍受这些愤怒和焦虑呢？这么多消极的情绪一拥而上，我根本承受不了，我不是应该只感受到一种吗？"在沃尔特·惠特曼（Walt Whitman）所写的《自我之歌》这首诗中，他描述了自己对年轻与沧桑，漂亮与丑陋，富有与贫穷的喜爱。他拥抱生命的一切，人性的一切。

我自相矛盾吗？那好吧，我本身就是自相矛盾的。

（我辽阔博大，我包罗万象。）

试着将嫉妒视为感情中各种各样情绪的集合体，集爱与恨、平和与矛盾、恐惧与安详于一体。如果我们认为自己应该只有一种情绪，这才是真正的自相矛盾。嫉妒只是人生众多经历和情绪感受的一种，也是人生的一部分。

我们感觉都不好，但这很正常

如果你的伴侣非常善妒，你或许想要嫉妒能远离你，甚至在你的世界里消失。你希望一切都能够重归于好，希望你们的感情简单而平静。

1967年，托马斯·哈里斯（Thomas Harris）出版了一本畅销书——《我很好，你也一样》（*I'm ok—You're ok*）。我猜他是个乐观主义者，毕竟我们真的能说服自己双方都很好吗？我们真的相信自己不会让对方生气、失望吗？我们能停止对周围的人评头论足吗？这本书的观点或许有些失实。

对于感情关系，我有一个不同的看法，看看是否与你的观点一致：双方感觉都不太好，但这很正常。毕竟每个人都会有不理智或是不公正的时候，不是吗？如果你能够认可这一点，那么你便可以接受这个不完美的世界，接受这个世界上坠落的天使，接受生活的起起伏伏。我们常常希望自己生活在乌托邦中——一个完美和谐的世界里。但要知道，"乌托邦"（Utopia）这个词源于希腊语"不存在的地方"（no place）。因此，你永远也到不了乌托邦，因为它根本不存在。下面列举了若干看待这个真实世界的方式，或许对你们的感情关系有所帮助。

共同解决问题

试想，你的伴侣被嫉妒压得喘不过气来，他的内心充满了孤独、恐惧、无助与彷徨。想象他被困在一个黑暗的洞穴中，有几条不同的通道通向出口。你们俩在一起，手里握着一根小小的、光线昏暗的蜡烛，你们正在努力找一条道出去。

尽管手里握着蜡烛，但你们都很害怕，害怕迷路，害怕蜡烛会熄灭，害怕彼此会被黑暗所吞噬。但是你知道，只要你们一起握住这只蜡烛，用共同的努力作为燃料，这根蜡烛就会越来越亮。也许你们依然不知道如何走出这洞穴，但是你们知道你们拥有彼此，可以共同进退。

爱是在黑暗中同行

在爱情中，我们需要预留一些空间存放嫉妒。同样地，这也适用于我们的友情、亲情甚至是工作中。只要一段关系对你而言很重要，那么它一定会伴随着痛苦与艰辛。刚步入职场时，你可能会比较理想化，会觉得一切都应该是公平公正的。如果这个世界确实如你所想，这固然很好，但事实显然并非如此。因此我们需要时刻准备好面对这个事实——别人可能会比我们受到更多的关注。接受这个随处可见的事实，而不是总抱怨："怎么会这样！"但世事的不公并不意味着你不能赢得胜利。在这个不公平的世界里，我们需要知道如何才能活得更有价值。成功人士知道如何对待不公平：他们不会觉得别人在针对他们，而是用其他方式取得成功。

接受自己所有的情绪

为嫉妒留出一些空间意味着我们需要认可，认可双方的关系是复杂的，我们需要接受一切情绪——不仅仅是那些积极、愉悦的情感。我们可以爱自己的伴侣或朋友，但与此同时，我们也可以对他们感到愤怒、嫉妒、厌恶甚至产生报复心理。这并不意味着我们要按这些想法行事，尽管事实上我们确实因为他们而感到沮丧、生气甚至是失望。

人们有时会有不切实际的想法——希望能够只拥有一种纯净、完美的感受，我们称之为"纯洁主义"，这也是情绪完美主义的一种，即"我对他们很好，所以他们也应该这样对我"。但很不幸，这并不现实，没有人会按照你的想法去回应你的感情。真实的世界充满了失望——但也伴随着快乐、意义与爱。

有时候我们可能在无意间做了令人失望的事情，但核心问题在于：我们能从失败中振作起来吗？我们能够弥补自己的过失吗？如果我们所做的一切不符合对方的预期，得不到对方的支持与关心，我们能度过这段"共情失败"吗？生活不可能永远一帆风顺，在某些时刻，我们都会遇到困难，经历失败，我也不例外。

人无完人

当你失望或感到幻灭的时候，你会做些什么？有些人会因此变得悲观；有些人会在身旁筑起高墙；有些人会攻击这个世界以示抗议；有些人会尊重事实，更辩证、全面地看待生活和感情。而我会选择最后一种。

人无完人。要时刻提醒自己：没有人是完美的。没有人能摆脱嫉妒、不满、愤怒、失望等负面情绪。每个人都有黑暗与光明的一面，当然每个人都希望一切都是光明的、美好的。但人与人之间的关系不可能始终如意，总会经历矛盾或是困难的时期。爱与被爱从来都不是一件简单的事情，不论是与朋友、兄弟姐妹还是与同事，相处的过程中总会遇到一些瓶颈或是问题。

人生的美好之处就在于能够感受一切情绪，并继续前进。丢掉情绪完美主义吧，做一个复杂但丰富的人。

专注当下

我们越想驱赶脑中的想法和感受，它往往会变得越强大、越难以忽视。我们大喊着："不要再这样想了！"我们斥责自己重蹈覆辙："你又这样做了！真是太失败了！又嫉妒别人！"但是我们越挣扎，这些想法和感受就会变得越强烈。我们攻击它的时候，它不断从我们的火力中吸收能量，变得越来越强大。负面情绪也是一样的，我们越是想要消灭它，它反而会变得越强大。那么我们该如何处理这种情况呢？

其中一种比较有效的方法叫作"正念"，即把注意力放在当下，不去评判或是尝试控制一切。

正念能够帮助我们更加关注当下，而不是去幻想未来与过去，只专注于当下。人在嫉妒时，往往会将更多的注意力放在过去以及无法预知的未来。但正念能让我们在当下找到一个容身之所，试着将自己的注意力放在呼吸上，试着放下一切。现在来试试吧！

现在，将注意力放到自己的呼吸上。注意自己的一呼一吸。不要尝试去控制它或评判它，而是静静地感受它的存在。用心去感受，它是如何变化、如何流动、如何进出的。如果你发现自己被其他的想法和声音带走了，那就轻轻地将自己的注意力转移回来即可。

如果把这个方法应用到自己的想法和感受上呢？例如你可能会想："我的另一半可能正在和别人暧昧。"想象一下，这个想法就是你的呼吸，把这些当作一串天空中的字符，它们在微风中轻轻飘动，而你站在原地，静静地看着它们，什么都不做。另一种做法就是想象你的想法正呈现在电影银幕上，而你舒服地坐在座位上，看着它播放。它就是一部电影，电影结束后它就会消失。你坐在座位上，而你的想法却在银幕上。

你和脑海中的想法是两回事，想法并不能取代你。同样，嫉妒也可以自成一体，它可以在空中飘来飘去，发出声响，但你却可以安然地坐在位子上，看着它进进出出，注意它的变化。只要你不抓住它，它就会飘离你，越来越远。

或许它还会再飘回来，此时你只需要看着它，任由它进出，就像你的呼吸，就像海浪一样，任它潮起潮落。你就在这里，静静地看着，为其留出空间。

正念之呼吸练习：在这个练习中，你只要坐着留意自己的呼吸，不要去控制它、评判它，静静地感受自己的一呼一吸。这个练习的目的在于让自己专注当下、放下嫉妒心。下面有 6 个小建议：

1. 找一个舒适安静的地方挺直腰背坐好；

2. 将注意力放在自己的呼吸上，注意它的频率；

3. 静静地感受呼吸的流动；

4. 留意自己的注意力在哪儿——想法、记忆还是声响中；

5. 轻轻地将注意力带回自己的呼吸中；

6. 如何关注自己的想法：

   ·它是否飘到了其他的想法和声音里去了？

- 想法是不是太多了？

- 你是不是正在追着思绪走，而没有待在当下？

- 你是不是正在评判自己的行为？

你可能会发现自己被嫉妒的浪潮卷起，随之上下起伏。但通过一些正念的练习，你可以想象这些嫉妒带来的思绪只是窗外细碎的声音。你可以看着它们，将注意力带回呼吸或当下。你可以静静地观察这些嫉妒的想法，然后放下。

正视你的嫉妒

或许你一直在与嫉妒做斗争——可能在其他关系中也是如此，只是你常常将这些感受藏在心里。你或许会感到困惑、羞耻，认为这真是错误至极。嫉妒之于你或许无处不在——比如伴侣不在身边的时候，你们俩和其他人谈天说地的时候，想到对方的前任的时候……嫉妒似乎无孔不入。

你觉得很痛苦，因为这并不是你想要的，这完全不在你计划范围内。有时候，你会觉得没有人真正了解这其中的辛酸和苦楚，你也不能向另一半——你嫉妒的源头——透露心声。因为无论何时你跟对方说起这件事，都像是搬起石头砸自己的脚一样。你的伴侣也许会说：

- 让我一个人静静。

- 这是你的问题。

- 我做错什么了？
- 你太没安全感了。
- 你为什么这么神经质？

这些话都只会让你更加难受。因此，我建议你用另一种观点去看待嫉妒本身——你有权利拥有这些情感，这没什么不对的。我们不会建议一个头痛的人说："挺挺就过去了。"我们不会告诉一个消化不良的人说："你的肚子不应该不舒服啊。"这些都是属于你的感受，你的焦虑、悲伤、愤怒、嫉妒，你有权利拥有这一切。

就现在而言，退一步去尊重那些你的情感，它们是你目前经历的一部分，虽然对你而言这是很艰难的一部分，但这就是你的感受，给自己权利去拥抱这些感受。

这并不意味着你的想法都是符合事实的。它们可能是源自事实，也可能不是。但是事实与感受是不同的。我可以觉得伤心，因为我觉得我会孤单一辈子。伤心这事是真的，因为我确实感受到了。直到找到真相之前，一切都是未知的。但这种感受是真实存在的，无可置疑的。这个过程有时候确实会很艰难，所以我们需要去正视自己的感受，承认事实。事实就是你感到嫉妒了，你感到痛了。

正视自我练习：你可以通过跟自己说下面的话来正视自己的情感：

- 这就是我现在的感受，我有权利去感受我的情绪。

- 这感觉不好，但我得接受它。
- 在拥有这些感受的同时还要去关心别人是很困难的，所以这很正常。
- 有时候我会感到孤独，并且很难表达自己的感受。
- 我并不是一个人——嫉妒是人性的一部分。

我们经常会认为嫉妒是问题的表现，但你是不会为一个毫无意义的关系而产生嫉妒的。因此嫉妒也可能有其积极的意义。嫉妒是一种认可，认可某人对你很重要，并且承诺、诚实、投入和爱对你意义非凡。给自己拥有爱、亲密、浪漫与忠诚的权利，毕竟嫉妒表明了你们的联结有多紧密，你有多害怕失去这种联结。下面是我和一个在嫉妒中挣扎的客户的对话。

我：有时候嫉妒是有积极的价值的，就像承诺、忠诚和亲密也是有价值的一样。你应该感受过这些积极意义吧？

卡罗尔：当然了。

我：所以，你会嫉妒，正说明这段关系对你很重要，你不是只注重表面的人，你对待事情很认真。

卡罗尔：是的，我就是这样的人。

我：如果你的另一半对你说："你知道吗？我觉得每个人应该想做什么就做什么，如果你想和其他人出去约会，和他们发生关系，我不会介意的。"你会怎么做？你会怎么想？

卡罗尔：我会觉得他想四处留情。我不会信任他。

我：在某种程度上，你会想要你的丈夫能够感到嫉妒，因为嫉妒表明了承诺，表示你对他很重要。

卡罗尔：是的，如果他不嫉妒的话，我会认为他是不值得相信的，我也会觉得我对他而言毫无意义。

我：或许嫉妒就像其他任何情感一样，都有两面性。我觉得认识到嫉妒不仅可以理解，而且是一种承诺和信任的能力，这一点很重要。

卡罗尔：这样想确实让我感觉好多了。

正视嫉妒的第一步是认识到这些困苦艰辛是你自己实实在在的感受。第二步则是去认可担忧、愤怒以及焦虑来源自这样一个事实——有些人对你很重要。你嫉妒正是因为你所珍视的人和关系可能受到了威胁。承认爱与承诺的重要性、亲密关系和忠诚的价值以及追求深度与意义的心愿是很重要的。是的，它们很重要，但悲哀的是，愤怒和焦虑是嫉妒的产物。你会有这些感受是因为它们对你很重要。

所以你陷入了一个似乎两难的境地——喜欢一个人，但是又害怕因他而产生负面的情绪。正视你心中的困惑、两难的境地以及矛盾，给内心的自己一些空间来包容万物。

另一种正视嫉妒的方式是认识到情绪的普遍性。我们在第二章的时候讨论过，不论何时何地，不论过去还是未来，嫉妒从来不会缺席。我们会在幼时就产生嫉妒这种情绪，动物、昆虫也不例外。所以了解这种普遍性有助于减少你的孤独感和自认为独一无二的烦恼。当我们认识到自己的感受和需求是其他人都有的时候，接受起来就容易了。

我们可以允许它们存在于当下。

思考一下你是如何看待事物的。如果你认为你的伴侣可能背叛了你，那你就能知道嫉妒是如何从这种想法中产生的。我们能看到很多人都会感到嫉妒，因为他们认为伴侣可能背叛了他们。如果你经常这么想，那你的生活会很艰难，你会感觉受到了侮辱，那我们就可以理解这种情绪是如何变得强大的。不论真相如何，这些就是你现在的想法和真实的痛苦感受。正视自己的感受也意味着承认自己的想法和观念也许会和这些感受有关。

如果你曾经被前任背叛过，或者你的现任已经表现出了不忠，那你的嫉妒是自然的。你会更加容易产生这样的感受，更容易从现在的关系中看到背叛的苗头。如果你的父母曾经有所不忠或远离了彼此，那我们也能理解你可能会感到焦虑，因为这些都是你的心理阴影，你很难相信别人，这使你更加敏感。所以，你过去的经历也许正是理解你现在处境的一条线索。

但我们应该正视这些情况：你的伴侣也许并不完全值得信任；你的怀疑并不是空穴来风，你的另一半在隐瞒一些事情，他并没有你想象中的靠谱。所以你对这些似乎真实的怀疑做出了反应。但即便如此，即便你的感受说得清、道得明，背叛也许正在发生，但这里依旧有很多我们能帮你处理的情况。

正视自己的感受是很重要的，尝试去尊重自己的感受。这些感受不是这么好接受，会让你很痛苦——当我们爱一个人的时候、受伤的时候以及对他人感到失望的时候。有时候我们害怕的东西变成了事实，是的，有时候就是这样，我们还得了解它、正视它、理解自己的感受以及它为什么伤到了自己。并且要知道，即便结果如我们所预计的，我们也接受了这个事实，但我们依旧有可能把这种感情处理得更好。

退一步观察嫉妒

正视想法并不意味着受控于想法。你可以在当下承认自己的焦虑与愤怒的存在，你可以指着嫉妒说："我看到了，我又感到嫉妒了。"但你要退后一步，远离它，花点时间去思考。当你远离了之后再问自己下面几个问题：

- 我真的想要被这些思想情绪占据大脑吗？
- 我想让自己的嫉妒就这样膨胀下去吗？还是我其实想退一步试试看？
- 如果我现在炉火中烧，会发生什么？
- 如果我任由嫉妒控制自己，事情会变得怎么样？
- 有没有可能这是个误会，是我自己想错了？
- 在当下，这其中有什么我可以处理得更好的？

退后一步，我们才能更加清楚地看到偏见、想法以及如何去应对。正视这种痛苦并且承认自己确实难受，我们才能去剖析：是什么想法导致了这样的痛苦，我们是如何依照自己的嫉妒行事的，以及我们是如何应对自己的情绪的。这些情绪反复出现是很痛苦的，但去调查、斥责、惩罚、威胁、跟踪、反复思考以及担心只会加重我们的痛苦。我们的言行并非一定会受到想法和感受的支配，我们可以找到其他更好的方式来处理，不受情绪的奴役。我们能自己决定，退一步思考，考虑各种选择。

看看是否有其他方式可以处理你的感受。举个例子，当你觉得自己似乎要被情绪绑架，快要失去控制的时候，你知道这些情绪都是暂时的，不会给自己造成伤害，它们也不可能控制你。想一想如何退一步去观察，接受嫉妒并试着解决问题，为自己的生活营造更多空间，活得更有意义，改善自己与伴侣之间的关系以及学会做自己生活的主宰。

给自己一些关爱

没有人会比你更清楚嫉妒带给你的痛苦。不管你的朋友或伴侣如何理解你、同情你、关心你，他们终究不是你，也不会经历你现在所经历的一切。你嫉妒是因为你害怕被你所爱的人背叛，害怕被抛弃，这也许是你有史以来经历过的最痛苦的情绪。你可能会因为自己的嫉妒而跟自己生闷气，你可能会觉得尴尬窘迫，觉得自己的世界会就此崩塌。

是时候后退一步，跳出现在的所思所想，把自己当成那个你所关心、爱护与尊重的人了。这就是所谓的同理心，摆脱挣扎和痛苦，多给自己一些包容与爱。抚慰一下自己那颗嫉妒的心，想象自己用臂膀抱住自己，告诉自己你会一直站在自己这边。试着去这样关心和抚慰自己受伤的内心。

你是始终陪伴在自己身边的人，你可以一直爱着自己。既然需要爱，为什么不把爱给自己呢？为什么不一直站在自己这边呢？想象一下童年中最温暖、最富有同情心、最有爱的朋友对你说："我爱你，我始终关心你、理解你。"想象一下这个人轻轻地将你拥入怀中，此时此刻陪伴在你的身边。

想象你被自己爱着，想象你会一直陪伴着自己，用心拥抱自己。害怕失去爱的时候，提醒自己你永远都在，这样你就不会感到害怕了，内心也会变得宁静与安详。即使身处暴风之中，你的心在这爱的怀抱中也会保持平静。

后退一步，观察、倾听，并接受了嫉妒的存在，那么接下来就可以开始整理自己的思想了。

第七章　与你的思想共舞

　　当你因嫉妒而开始胡思乱想的时候，你是否尝试过呵斥自己不要再这么想了？你可能会对自己说："够了！停！"那么这样做有没有效果呢？在心理学上，我们称这个行为为"思维阻断"。心理学家以前甚至会让人们在手腕上戴一根橡皮筋，当他们出现自己想要停止的想法时，就会扯一下皮筋，让自己停止思考这件事情。但是思维阻断这个概念从根本上其实是在暗示这些想法的可怕程度，暗示自己应该避免这些想法。但问题是这些想法会不断出现——就像拍皮球，皮球会重新弹起来一样。没有人能够一直扯自己手上的皮筋，这方法甚至让人觉得他们无法与这些消极想法共存。

　　如果你尝试着阻断嫉妒所带来的想法，你会发现为了压制这些思想，你需要把更多的注意力集中在上面，实际上你是在寻找更多有关嫉妒的想法，因而嫉妒会越来越强烈。但是如果试着去关注其他不一样的东西呢？例如天空中的浮云，雨落在屋顶的击打声，或者是手边书的颜色，又或者是自己的一呼一吸。在认可并接受这些嫉妒带来的想法的基础上，将自己的注意力放在除自己之外的地方，看看当下你的注意力在哪儿，是否有可能将注意力放在其他更重要、更轻松、更宁静的地方呢？

在这一章节中，我们会共同探讨几种与消极思想共存的方法，从而守护我们所珍视的一切，不论脑海中的背景噪声如何轰炸我们。我们不需要去追着救护车跑，也没必要去听另一桌的讨论，更没必要接起每一个推销电话。

同样地，与其阻断自己的思想，不如采取多种多样的方式去与噪声共处。就像脑子里突然冒出个想法，你不需要花一整天跟它斗争，你可以做出自己的选择。你可以承认它的存在，对自己说："我看见了，这个想法就在那儿。"然后继续处理其他事情。就像开车时突然看到路旁的一个小信箱，你不会停下来翻翻里面有什么东西。这种方法同样适用于应对嫉妒带来的想法，你的确会注意到它的存在，正视它并对自己说："又见到你了！"但是继续做自己手头的事。就让嫉妒待在那里吧，不用管它们，更不要被它们束缚。

喧宾夺主

每一天，我们的大脑中都会涌现成千上万的想法及景象，但在这一天结束前，我们很有可能会忘掉几乎全部的事情。现在，放下手中的书，闭上眼睛，尝试着回忆一下周围的物品，无论自己坐在哪里。

我正坐在我的书房中，闭上眼睛，我可以想象到右边有一面镜子，前面是一扇开着的窗，窗外的天空阴暗多云。地上有一个篮子，里面装满了书，门边有一只小猫，看起来一副很想替我写作的样子。但是说实话，除了那只猫，在我开始写这一章的时候，我真的没注意到其他任何东西。我只是将自己的注意力集中在大脑中的想法和屏幕上的文字，并且急着查收邮件。换句话说，在我们暂时的意识里浮动着很多思想、图片、知觉，但这些都会被忘掉，除非我们刻意停下来去注意它们。

与其他想法相比，我们会更加注意某些出现在我们直接意识中的想法。有些想法是愉悦的，例如想到与朋友以及他的妻子一起共进晚餐。但是也有比较烦心的想法，比如嫉妒。如果你很容易感到嫉妒，那么相应地你可能也会有很多类似的消极想法，例如：你的另一半正在和别人调情；总是想到伴侣的前任或是伴侣的背叛。当这些想法出现在你的意识当中时，你马上就集中了注意力。这就像你心里在告诉自己说："先不要管其他事情，集中注意想这件事吧。"

这种现象我们称之为"思想入侵"。因为当它们出现的时候，你会感觉到它们是消极的，不是你想要的，你会采取相应的策略，此时你的大脑会做出一系列行动，将一件非常平常的事件变成人生大事。思想入侵时你可能会想：

- ◌ 这个想法很重要。
- ◌ 我需要时刻关注这个想法。
- ◌ 毕竟这个想法出现了，肯定意味着有什么要紧事要发生。
- ◌ 如果我有这样的想法，那就意味着我的另一半并不可信。
- ◌ 这种想法会帮助我提前预知未来的情况。
- ◌ 我可以借助这想法为将来做好心理准备。
- ◌ 我有责任去搜集线索，找出真相。

我们来仔细看看以上的每一步。从你突然将某些想法视为重要信息，需要认真对待的时候开始，嫉妒产生的想法就开始变得格外重要——这件简单的事件开始占领你思想的高地。你没有将它放在一边，没有像对待其他想法一样，告诉自己"这种想法很愚蠢"或者"这只是个想法而已"。相反，你告诉自己这很重要。因为重要，所以你觉得自己有必要从一开始就关注它，因此你开始关注嫉妒所带来的所有想法，当然，最后你找到了你想要的结果——更强烈的嫉妒。

当你一遍又一遍地在自己的大脑中寻找嫉妒的想法时，你会将其视为真实发生的事实，这种想法不是随机产生的，也不单纯是大脑中的噪声。你将其视为一次警告。此时，你会开始思考，这种想法的产生是否意味着自己的伴侣是不可信的："我的另一半可能背叛我了，不然我刚刚怎么会有这样的想法。"你将这种想法当作对方不忠的证据，就像有人告你有罪，原告律师说："有人觉得你是个犯人，这就是证据。"接着法官一敲木槌，宣布："罪名成立！"

因此你开始将这些想法当作一种自我保护的方式，你认为它们在帮助你，提醒你可能存在的背叛。就像有些人对空防导弹系统的看法一样，这些想法会帮助你看到将要被发射的导弹，有了这层防护，你就不会感到意外，也不会受伤，更不会受到羞辱，所以你不想卸下心中这层防护。

当所有的这些思想都在发出警报时，你认为自己必须清楚到底发生了什么。有谁开枪了吗？你的伴侣正在说谎吗？在这个时候，你不会说："哦，这只是我的一个想法而已，不需要重视。"相反，你会说："这个想法肯定不是空穴来风，我必须做点什么。"紧接着，你开始寻找证据了——然而这是一次带有偏见的搜查。你开始不断寻找能够证明自己想法的线索：伴侣对你失去兴趣的征兆，对方与他人暧昧的嫌疑，或者别人对他产生了兴趣的预兆。你甚至会从自己的想象中寻找证据："我能想到这种情况肯定有它的道理。"所以任何你所幻想的画面，都成了对方不忠的证据。

鉴定思想

鉴定评估过这些入侵的嫉妒思想后，你会变得非常着急，因为你觉得这些想法和你的生活息息相关，并且预示着有些事情即将发生，而你必须马上行动起来，刻不容缓。先别着急，先停下来好好想想，也许这些评估本身就在误导你，也许有另外一种方式去看待这些想法，也许你不必受控于这些想法，深陷嫉妒的泥潭。

我们重新来看看之前的想法，将它与另一种看法进行比较。因为你已经将这些突然冒出来的嫉妒思想当作一个重要事件在处理了，那么如果这些想法毫无依据，你又该怎么办？

"这个想法很重要。"

完全没必要。也许它只是一个简单的思绪，也许它只是你一个思维定式。这种想法的出现并不意味着你需要去重视它。它只是个想法而已。

"我需要时刻关注这个想法。"

不要把注意力放在随随便便产生的一个想法中。你可以注意到它，然后让它轻轻地离开。你不需要注意每一个想法，毕竟每个人每天都会产生千千万万种想法，放下有时候能让自己活得更轻松。

"毕竟这个想法出现了，这肯定意味着有什么要紧事要发生。"

你无数次感到嫉妒，然后产生了相关的想法，但很多时候这些都是误报。想法不是晴雨表，不是温度计，仅仅是一个想法而已。它和现实并不一定挂钩。

"我会有这样的想法，那是因为我的另一半并不可信。"

你的伴侣有没有出轨不取决于你的想法，而是他的行为。你可以在这之后搜查一下证据，但单纯依照一个想法就判定一个人不能被信任是否有点胡闹呢？试想，如果想象即证据变成一条法律，这个社会会变成什么样呢？

"这种想法会帮助我提前预知未来的情况。"

可以尝试计算有多少次自己的这种怀疑和嫉妒思想是错误的。未来并不依据你的想法，而是根据实际的预测。你能找到自己之前错误判断的证据吗？

"我可以借助这想法为将来做好心理准备。"

持续地预测背叛行为对你一点帮助都没有，不管你的伴侣是否要背叛你，你都会感到烦恼。但将自己的注意力放在嫉妒这种想法上只会使你感到愤怒、伤心和焦虑，让你身陷苦海。背叛本身就会让你难受，无论你有没有做过这样的心理准备。

"我有责任去搜集线索，找出真相。"

如果证据确凿，那你确实有责任去查明真相。但是仅仅有这种想法并不意味着你需要将自己变成一个侦探，这只会让你更加痛苦，为双方的感情关系造成更多的矛盾。

关于嫉妒，表7-1清晰地对比了两种不同的思维模式：

表7-1 两种嫉妒思维模式

有问题的嫉妒思维模式	健康的嫉妒思维模式
"我得关注这种想法。"	"我接受这想法,但我会继续我的生活。"
"这种想法很重要。"	"这只是生活中的噪声而已。"
"我现在得做些什么。"	"我没有必要付诸行动。"
"我得找个答案出来。"	"这种想法就像推销电话一样,我没有必要留意它。"
"这种想法肯定不是空穴来风。"	"这只是一种想法。"
"如果我这么想,那一定有事情要发生。"	"我可以为这些想法留些空间。"

无意义的嫉妒

我们每天有成千上万的想法和印象,但大多数就像空中的云一样,随风飘散了。所以我们不必停下来注意它们。但一旦涉及嫉妒的想法(例如"我的另一半可能对我失去了兴趣,和其他女人私奔了",或是"我的老婆是不是发现了她的前任比我更有魅力?"),我们往往会身陷于这些想法当中。我们花了很多时间去纠结这些想法,却难以意识到自己其实已经身陷其中。

丹尼尔发现嫉妒完全占据了他的大脑,而他根本无法摆脱。这就像飞机上有陌生人找他聊天一样,他不能站起来离开,因为这个航班要飞好几个小时。

接下来我们看看,该如何应对这种浪费时间的想法。

有效的担忧 vs. 无效的担忧

首先,我们来看看有效担忧与无效担忧之间的区别。举个例子,一个有效的担忧是指你今天就能采取行动解决的事情——它在待完成事项清单中。如果我今天能解决这个问题，那么这就是有效的担忧。比如，"我预订机票了吗？"这就是有效的担忧，因为我能马上查出来解决掉。如果我没有预订过，那我今天就能解决这个问题，因此这个担忧是有效的。

而无效的担忧可能是不论我做何种准备，我都不能保证我的听众会觉得它有意思。我今天也没有办法去处理这个问题。因此这种想法是没有意义的。

问问自己，你的嫉妒是不是没有意义的。如果你认为自己的伴侣可能正在和同事暧昧，那么你今天有办法解决这个问题吗？如果没有的话，那这个担忧就是没有意义的。

这些无意义的嫉妒会带来什么弊端呢？很简单，当你陷入对伴侣的无限担忧中时，你会感觉如何？你是否感到焦虑、伤心、生气或是无助？这就是弊端。无意义的担忧只会让人痛苦，既然沉迷其中毫无意义，又何必浪费自己的时间，做这些只会让自己痛苦的事情呢？一旦你意识到这个问题，你能怎么办呢？试着去接受这些想法？具体该怎么做呢？

接受嫉妒

你可能会发现，当你有这种想法的时候，你会追着证据到处跑，问各种问题，寻找各种线索。嫉妒就像一个不速之客，突然出现，然后开始命令你："快去查明真相！""到底发生了什么？""他在和谁说话？""我对他而言还魅力依旧吗？"你并没有单纯地接受嫉妒的想法，任由其存在；相反，你跳了进去，想要弄明白到底发生了什么，然后按照这个想法行动。

你可以将嫉妒当作一个客人来对待。想象下，有一个古怪的叔叔在你的节日晚宴上滔滔不绝地发言，或许他的政治言论有些极端，或者他在对一次航海之旅展开长篇大论，但如果你足够聪明的话，就绝不会打断他，因为你知道和他争论是没有意义的。从你多次的宴会经验来看，你知道要划清界限，想着：杰伊叔叔又开始了，我就坐着听就好了。我建议你就做个旁观者，看着他继续说就好了，不管他的玩笑和你有没有关系，甚至他说的内容是什么都不重要，毕竟，这只是随口一谈而已。

　　之前在一个派对上，肯发现他的女朋友正在和一个帅气的年轻男士聊天。他发现自己开始嫉妒了："也许她觉得他很性感。""他正在撩她。"后来，他选择了后退一步，接受这些想法，他的女朋友确实很有魅力，但她只是在和别人聊天而已。他接受了这个想法，没有采取任何出格的行动。

他没有过去打断他们的谈话，他只是接受了自己的嫉妒——"我知道我现在正在嫉妒。"接着，他就去找其他朋友聊天了，没有理会嫉妒的想法。转移了注意力之后，他发现自己没那么焦虑了。

如果嫉妒并不是事实，怎么办？

我们之前提过，嫉妒有它自己的思想。它有自己的核心指导思想，会影响我们的人际关系发展，并带来一系列的思想偏见，包括"读心术"、独揽责任和预测未来等错误举措。它会带我们进入愤怒、焦虑和绝望的深渊。但是想法的出现并不意味着你要被它控制，毕竟它们只是一些想法而已。这些想法就是真相吗？想法确实是真实存在的，但是它们并不能反映出任何事实。下面列举了3条较有效的方式，可以帮助我们更好地看清想法的本质。

1. 这个想法是真的吗？

闭上你的眼睛。想象自己面对着一只狗，任何狗都行，可以是一只金毛犬或者贵宾犬。将这只狗的脸部细节想得越清楚越好。一旦脑海中有了这样一个图片，在大脑中保持2分钟。

然后睁开你的眼睛。闭上眼睛的时候感觉如何？这个狗的脸有没有让你想起什么？你曾经见过或是知道这只狗吗？刚刚在做这个练习的时候，我想起了自己的狗——简。它是一只很有灵性的狗，但它在三年前去世了，因此我很难过。我们都很喜欢它。这些感受都是真的，但即便如此，当我睁开眼睛的时候，简已经不在这里了。

你看，仅仅是脑子里的一个想法或者图片就会让你产生真实的感受，不管是焦虑、心软、高兴还是轻松。但是它不代表任何事实。这同样适用于嫉妒所产生的思想。我们觉得自己的伴侣正在和别人调情，感觉好像是真的一样。但如果你觉得现实和自己的想法必定相符，这意味着你把现实和想象搞混了。

它们根本就不是同一回事。当我睁开眼睛时，简并不坐在我面前。所以想法是什么？

2. 嫉妒就像推销电话一样

你是否跟我一样经常接到推销电话？你不认识这个人，你也不知道这家公司。我知道这些电话很烦人，但生活中就是一直会碰到。

如果接到推销电话，你会怎么做？你觉得自己有责任和他们谈下去吗？也许会，也许你会表现得非常友善，但是在你没有时间和兴趣时就会表现得比较冷淡。比如我会说："请不要再打过来了。"然后挂电话。

你可以将入侵你脑子的嫉妒想法当作推销电话。你可以这样想："这是个推销嫉妒的电话。我放着不管就行。我有更要紧的事情要去做。"有人在你的大脑中打电话并不意味着你必须接起来，就让它在那儿响着吧。

嫉妒就像驶过站点的火车一样

另一种有效的方式是将想法当作在铁路枢纽站中来往的火车，而你正在找一班开往宁静小镇的火车。目前你所看到的班车都是通向充斥着焦虑、愤怒、压抑的城市的。是的，它们看起来像是去往宁静小镇，但是其实是去其他地方的。所以，你如果上错了火车，那就会迷失，并且需要花很多时间找回来。所以仔细观察，因为陷入嫉妒就像上错了火车一样，会踏上截然不同的旅途。请仔细查看清楚，最后排除这些错误的班次，登上正确的火车。

我发现看着火车来来往往很让人着迷。我喜欢去想象它们会去哪里，对售票员来说这趟旅途如何，当乘客路过乡村时他们又能看到什么风景。你的嫉妒可能也在这样的火车上。但谁知道它们要去哪儿，也许是一趟很长的旅程。既然你决定不上这趟车，那就任其呜呜作响，消失在地平线。某列特定的车上没有你，而它还在继续前行。

留给嫉妒一些时间

你可能会对嫉妒产生的想法感到疑惑。一方面，你相信这种想法对自己会有帮助——你也许能从中发现什么。它们可能会警告你，帮助你设防，不被未来所冲击。但是也许你会相信这些嫉妒思想会超出自己的控制，你会无法集中注意力，直到完全摆脱它们。所以对于嫉妒，你同时拥有积极和消极的观点："我需要它们保护我，但我也必须摆脱它们。"在你努力摆脱它们的时候，你也许会告诉自己不要再这样想了。但是这种想法会像弹力球一样，一直被弹回来，并且一次比一次力道大。你会觉得很困扰，心想：如果我不能完全制服它们，那它们早晚会失去控制，最终占据我的大脑。

另一种处理嫉妒的方式，是给嫉妒留点时间，你可以每天设定一个时间去处理自己的嫉妒。与其花一大段时间与嫉妒斗争，不如每天留出 20 分钟处理它们。比如，每天下午 3 点的时候。如果嫉妒在其他时间出现了，你要告诉自己，还没到时间，先暂且放一放。你可以将其写在一张纸上或者存在自己的手机里，以免自己忘记。很多人会觉得自己无法延迟这种想法，没办法去控制它们。但是在很多情况下，我们是有能力去延后处理的。设定这个专门的时间有什么好处呢？

◦ 你知道自己没有必要遵从嫉妒的想法行事，或者必须为它做些什么。你现在是自由的。

◦ 当嫉妒产生时，你可能会发现重复的想法一次又一次地出现，所以未来也没有必要重复咀嚼。既然你有了这个想法，那就任由其发展，你继续做自己的事情。

◦ 你或许会发现，当这个处理嫉妒的时间最终到来时，这些想法可能已经不再困扰你了。这点很重要，因为当思想的力量消失时，你会发现想法并不是生活的重心，思想和情感都会随时间而改变——而这个时间往往非常短。

那么，在这个专门处理嫉妒的时间里，我们能做些什么呢？当你被嫉妒所烦扰的时候，有个很简单的方法，你可以随时使用，但是在那个特定的时间里，它的效果会更加明显。

忽视你的想法

你有没有发现，当一件事情让你觉得很烦的时候，无论过程如何，最终你都会对它失去兴趣。也许是因为前老板对你说了什么不好的话，也许是因为没有人邀请你去参加晚宴，在某个瞬间，你可能真的很生气、很沮丧，仿佛世界末日来临了。但是事后如果再提起这个话题，你可能已经完全提不起兴趣了，你会变得冷漠，因为你已经完全不在意了。

想象一下，你看了500次你最喜欢的电影，也许在第二次、第三次看的时候还是很享受，也许每次看你都会发现新的东西，有新的体会。但总有一天，你会觉得无聊。你会发现自己无法再集中注意力，甚至开始讨厌这部电影。你可能会觉得再看一遍都很难受，电影中的对话变得空洞，没有什么东西能让你集中精神，甚至连爆米花都没什么味道了，太无聊了以至于你可能会睡过去。

这个方法我用了很多年了。我称之为"无聊制胜"。下面是简单的几个步骤。

1. 选择一个嫉妒的想法，举个例子：我的妻子最终会背叛我。
2. 将这个想法重复500遍，大概需要15分钟。第25遍的时候，你会觉得自己变得更加焦虑了，比之前还焦虑。别着急，耐下心来继续重复它。
3. 不要分心，继续重复这句话。
4. 慢慢地重复这句话，非常非常地慢。就像一个在冥想的僵尸一样。

5. 尝试去专注于每个词："我的妻子"或者"我的丈夫"或者"背叛"。你甚至可以专注于每个字，去强调每一个字符。

6. 你可以悄悄地做这件事情。

7. 你最终会像我大多数的客户一样，觉得无聊了，不想再继续这种想法了。这就叫作"无聊到了极点"。

这个方法很简单，它基于心理学一个非常简单的原则——习惯化。习惯指的就是通过不断重复，减少你对它的应激反应。心理学上也称之为"思想洪流"——用你担心的结果淹没你。如果你害怕坐电梯，那么我会邀请你跟我一起坐 25 次电梯。开始几次你会感到害怕，甚至恐慌。但 10 次之后，你的恐惧会开始减少。20 次之后，你会开始觉得无聊。通过不断的尝试，未来你的害怕总会减少。只要愿意去面对恐惧，愿意去尝试着做困难的事情，一遍又一遍，日积月累，将来的某一天你终究会克服内心的恐惧。

那我们又该如何用这个办法去应对嫉妒呢？每当你嫉妒的时候，你就会觉得必须做些什么：去找寻真相，去担心不确定的未来，或者去寻求安慰。现在，不妨试试"无聊制胜"法，有意识地去重复这个可怕的念头，不要做其他额外的事情，那么也就不会有额外的信息增强这个念头。同时，你也没有尝试去控制什么，你迎接着这个想法，不断重复它，直到无聊至极。

肯每天都在不断练习这个方法，早晨一次，晚
上一次，每次15分钟。刚开始重复这些思想的时候，
他会觉得自己变得更加焦虑了。但一段时间后，他
的焦虑感减弱了。

肯在实际操作本书中的众多技巧之后，我问他哪一个方法最有效。他说："就目前而言，'无聊制胜'这个方法最管用，因为我知道自己能做得到。这样做能够减轻自己的烦恼，我知道自己不必害怕这个想法。除了重复几个字词之外，我真的不用做其他任何事情。"

把脑海中的声音当成背景噪声

对于环境中的背景噪声，我们通常会很自然地忽略，因为如果每一件小事都需要我们关注，我们就无法正常生活了。当你和伴侣在餐厅共进晚餐的时候，如果你同时留意餐厅里每个细小的声音——服务员倒弄餐盘的声响，来往客人的脚步声，背景音乐，附近20多个人的对话，叉子放在桌上的声响，自己吃饭的声音——你可能会觉得自己快要疯了。所以我们的大脑有一种能过滤不相关声音的"选择系统"，让我们集中注意力，排除干扰。

有些人天生注意力就比较差，他们会很容易受到周围环境的影响，被所听到的、看到的或是别人问到的东西转移注意力。而正因为你觉得嫉妒所带来的想法很重要，所以它们很容易让你分心。你总觉得自己需要对它们时刻保持关注，否则自己最终可能会陷入混乱、被背叛和毁灭的境地。但在一天中，很多的时候你并不会有这些想法，尤其

是你在睡觉的时候。你卸下了心理防线，不再关注嫉妒，那在这个时候，世界为什么没有崩塌呢？

当你有另一个嫉妒的想法的时候，这样告诉自己或许有所帮助："这只是个背景噪声，我没有必要去把注意力放在它上面。"接着让一切顺其自然。试一试下面的方法吧，或许你能对其有更深的理解：

1. 放下手中的书，缓缓地闭上你的眼睛。

2. 用心倾听周围的声音。

3. 你听到了什么声音？或许是空调运作声、空气流动的声音、你自己呼吸的声音、外面的交通噪声，或是另一个房间的脚步声。

4. 试着去留意你平时不会关注的声音。这些声音一直在你身边，只不过你把它们当作了背景音。

5. 你接受了这些声音，你接受了它们环绕在你身边，任由其进进出出，但你不会纠结于这些声音。无论是一声耳语，还是五个街道以外的警车警笛，它们出现的时候，你都不怎么会去关注它们。

那如果把你的嫉妒也视为背景音呢？嫉妒也只是另一种普通的声音，如微风般转瞬即逝；嫉妒只是一种微不足道的情绪；嫉妒只是一段无关痛痒、可以遗忘的经历。你不需要想方设法摆脱嫉妒，只要不去关注，只要把它当作众多环境音中的一种即可。

将注意力集中在未来，专注于即将到来的事情，专注于积极的目标，嫉妒的想法自然而然就被抛之脑后了。拥有一个积极的目标非常重要，你可以每天都专注于自己的目标，积极锻炼，合理饮食，与伴侣相知相爱，陪伴孩子并且认真工作。积极的目标可以代表你的价值观，并逐渐改变你的生活，让你活出自己的未来。

留给嫉妒一些空间

或许你一直受到嫉妒的困扰，觉得自己永远无法摆脱这种困境。嫉妒似乎侵入了你的大脑，接管了你的意识，似乎生活中的一切都蒙上了嫉妒的阴影。你试图告诉自己停止这些想法，勒令自己必须克服这些想法，但似乎没有任何作用，它们仍然在那里。你问朋友："我该如何摆脱这些想法？"你的朋友试图安慰你："不断提醒自己不要这样做就好了。"但这只会让你更加沮丧和焦虑，因为这个方法你已经尝试了数百次了，根本没有什么作用。

不妨试试其他方法——为你的嫉妒留出空间。想象一下，你的大脑是一个巨大的房间，房间内的陈设不断变化，日益变多或变少，这取决于你所关注的内容以及你的工作。现在，想象你的嫉妒也在这个大房间里，存放在房间的某个角落里。

把这些想法想象成可以装进罐子里的东西。你可以把这个罐子放在架子上，偶尔取下来，左右旋转看看，或是打开品尝一下，感受几分钟后，再把罐子放回架子上。罐子永远在那里，你保存着它。但房间里还有很多其他东西，房间外面也有很多东西。嫉妒的罐子只是其中之一，它被你摆放在房间的一角，静默无声。

就像厨房里闲置多年的瓶瓶罐罐一样，嫉妒也有保质日期。或许你不知道嫉妒的保质日期有多久，但我可以告诉你，这个日期根本不重要。在某些时候，你可能会想："我可以把它扔掉了。"或者在某个时候，它可能自然而然地就消失不见了。

角色互换

想象你的伴侣也同样在嫉妒你，这也是一个非常有效的方法。试着角色互换一下，如果他总是对你抱有怀疑态度，总是戴着有色眼镜看待你的所有行为，将会是什么样子。

雅各布认为他的妻子可能和其他男人有染，他因此感到十分嫉妒。他担心妻子迷上了她的老板，因此他开始关注妻子的一举一动，尤其是在工作中他看不到的地方。后来，他试着去想象，妻子有可能以同样的理由在嫉妒他。我们尝试了角色扮演，我假装是他的妻子，指责他与其他女人玩暧昧，或是与其他女人发生了关系。

雅各布突然意识到，其实每个人都有这样嫉妒的权利，最后他发现自己的嫉妒有些可笑。

如果你的伴侣表现出嫉妒，而你明确知道自己没有做错任何事，你就会意识到，其实任何人都可能成为嫉妒的目标，任何人都可能被

怀疑，有时候我们可能根本不知道发生了什么。

　　要记住，只是有嫉妒的想法，或者因此感到愤怒与焦虑，并不意味着会发生什么不好的事情。我们可以关注自己的想法，但试着退后一步，观察并接受它们，将它们当作背景音来对待，就像大街上的熙熙攘攘，不一定都与你有关，你要做的就是专注于眼前的事物。我们被自己的情绪左右，认为自己的想法必须得到合理的回答，或是我们必须服从自己的想法，每个想法或感受都必须有充分的理由。但现实是，我们每天都会产生成千上万种想法，会看到形形色色的场景，因此真正重要的是取舍，努力让我们的生活变得更好，而不是被动地受控于情绪。有时候不回应甚至是忽略这些消极的想法不失为一个明智之举。

第八章　和你的嫉妒心对话

任何事物都有两面性，人的思维也不例外。正如我在第一章中所提到的，认知疗法的一个关键要素是观察我们的思维习惯及内容，看看是否存在偏见或倾向，然后考虑采用不同的方式来看待思维。但对于嫉妒，我们的动机可能会更复杂——我们希望自己能不那么善妒，但又不愿意换个角度看待事情。

在第四章中，我们研究了一系列思维偏见，也看到了它们是如何加剧嫉妒的，事实上正是看待事物的倾向性，进一步确认了你的疑虑或嫉妒的想法。而在本章中，我们将提及一系列有效的方法，来帮助你更真实地看待事物。但需要明确一点，我所指的"偏见"，并不是全盘否定你的看法，有时你的嫉妒可能确实事出有因——也许你的伴侣真的在撒谎或是出轨了。但让我们暂时假设，这一切都是不确定的。
你只知道自己经常感到嫉妒、不高兴，而且自己猜忌的内容也很可能
是错误的。

在本章中，我们将看看自发的消极思想和其他偏见是如何引起情
绪绑架的，包括：

- 妄加揣测："她对他感兴趣。"
- 预测未来："他肯定会背叛我的。"
- 独揽责任："她打呵欠肯定是因为觉得我太无趣了。"
- 乱贴标签："他就是个骗子。"
- 缩小积极面："她对我的爱说明不了任何事情。"

上述每一个想法我们都将在本章中通过事实和逻辑来进一步分
析，同时看看内心的既定规则与假设到底是对你有所帮助还是反而伤
害了你。这些想法常常会引起以下言论：

- "那些喜欢玩暧昧的人，绝不能信。"
- "感情生活必须完美，不然伴侣会移情别恋的。"
- "如果我连发生了什么都没法确定，那我的感情肯定出现危
  机了。"

如果上述言论给你带来了伤害，我们将进一步探索其他替代方式，
以便你能够更轻松地面对生活。我们还将深入了解你对自己以及他人
的核心认知，例如：

- "我不值得被爱。"
- "离开他我根本活不下去。"
- "我天生就有缺陷。"
- "男人都不可信。"
- "别人不会喜欢我的。"
- "只有完美的人才会有人喜欢。"

我们将通过各种方式来扭转这些核心认知，使其变得更现实、更积极、更自信，从而帮助我们轻松地击败嫉妒。在这一章中，让我们更加勇敢地直面嫉妒，打败嫉妒。

自我提问

首先，我们从自发的想法开始。每个人都有许多自发的想法，我们可以针对这些想法提出一系列问题，或许这些问题能够为我们提供一些新的思路。尝试培养一种新的思维习惯：换个角度看待事物。接下来我们就拿"我的伴侣在和其他人调情"这个想法为例，看看该如何应对。

首先，我们假设这件事情还有怀疑的空间，我知道有些时候真相确实就摆在眼前。但为了分析这个想法，我们先假设一切还未完全确定。"我的伴侣在和其他人调情"这个想法是一个典型的妄加揣测的例子，因为我自认为知道别人的想法、意图或是目的。以下是一些可以进行自我提问的问题，同时我将列举一些可能出现的答案。

这样想的后果是什么？

"我的伴侣在和其他人调情"，这种想法会让我感到焦虑甚至是愤怒，会进一步增加我的嫉妒，从而导致我做出或说出一些令自己后悔的事情。

这样想的好处是什么？

或许我能够在事情失控前及时挽回，或许我能够尽早发现危机，保护好自己。

考虑嫉妒思想的利弊，并不是为了判断对错，我们只是客观地看待这种想法的结果。对于每一个自发的想法，问问自己："如果不这样想，我会有什么感觉，我的亲密关系会变成什么样子？"仔细想想，如果减少这样的想法，你是否有可能会过得更好。

你的想法有依据吗？

我的伴侣总是和别人谈笑风生，这就是她调情的证据。

有没有证据证明她没有调情呢？

我的伴侣为人友善亲和，乐于与他人交谈——包括同性以及我确定她不感兴趣的人。

当你想到这些证据时，试着问问自己：这个证据是否是绝对的？这个证据会不会有其他的解释？例如：你的伴侣有没有可能只是单纯地与人为善呢？

别人又会如何解释呢？

如果其他人看到我的伴侣和别人谈笑风生，他们可能不会立马想到她是在调情，对于旁观者而言，他们可能只会觉得她很友好，很有礼貌或者很有魅力。

如果确实如你所想，你会怎么办？

我可能会产生一连串的想法：如果她和其他人调情，那就意味着"她不尊重我""她不可信""她会欺骗我"。

研究这些想法的深层含义很重要，因为这很可能与你的基本感受有关，例如担心背叛、被抛弃或是害怕因离开伴侣而失去幸福。

转换想法

接下来我们来看看几种能够引起嫉妒的典型的消极、自发的想法，探讨是否能够换个其他角度来思考。再次重申，对这些想法的分析研究，是为了寻找不同的角度来看待事物，并不是否定你的想法或感受。但如果你的想法经不起考验，并且让你感到不安的话，那么不妨换个角度看看吧。

读心术

读心术，顾名思义就是指读取另一个人的想法、感受或是意图，例如：我的伴侣对别人感兴趣了。而事实是，我们通常并不知道其他人在想什么，因为每个人的想法都是私人的。你的伴侣一定知道你在想些什么吗？答案当然是否定的。读心术所带来的信息亦真亦假，但却都有可能引起你的嫉妒。此时就需考虑它对你个人以及亲密关系的影响了。读心术可能会让你变得更加焦虑和愤怒，你可能会过分关注伴侣与他人的互动，因此增加了双方争吵的可能性。那么如何换个角度来看待读心术呢？

- 读心术常常让我感到沮丧，如果我能少揣测一些他人的心思，可能会感觉好一些吧。
- 我不知道我的伴侣在想些什么。
- 或许我的伴侣根本就在想其他东西，比如工作、新闻或者是我。
- 也许我的伴侣也在猜测我的想法，想知道我是不是也喜欢上别人了。

预测未来

这通常是指在没有足够信息的情况下，对未来即将发生的事情做出预测。例如，你的伴侣可能会出轨、离开你或者正在计划和别人幽会。经常预测未来会让你感到愈发焦虑，仿佛难以忍受当下的生活，导致你忽视生活积极的一面，并且可能与伴侣产生更多的矛盾冲突。仔细考虑以下问题，看看能否换个角度，换个想法。

- 这种想法的后果是什么？你因此感到焦虑、愤怒或是嫉妒了吗？
- 这种想法的好处是什么？
- 预测未来让你更有安全感了，还是让你更没有安全感了？
- 你是否会因此去质问甚至想要控制你的伴侣？

- 你对未来的判断可能是正确的，也可能是错误的，但你不觉得长期做这些负面的预测只会增加你的生活压力吗？
- 你对未来的预测有几次是准确的？
- 有什么证据证明你的伴侣会这样做吗？
- 他又为什么会不这样做呢？有什么原因吗？

独揽责任

你把所有的责任都揽到自己身上，因为你认为伴侣的行为是针对你的，或者至少反映了你的某些状况。例如，你的伴侣今晚似乎不想与你亲近，因此你就下定结论：你不再有吸引力了，你的伴侣要移情别恋了。我们很容易把所有担子都放到自己一个人的肩上。甚至，有时电梯慢了或者是交通堵塞了，也会有人自责。在亲密关系中，如果总是独自承担责任，那么你每天都将生活在危机感中。何不换个角度想想？例如，你的伴侣不想亲近可能是因为工作太累了，正在想其他烦心事，或是还在介意你们之前的争吵。你可以转换为下列想法：

- 再这样下去对双方都没什么好处。
- 这样做只是徒增焦虑、愤怒与嫉妒。
- 伴侣所做的一切并不一定都与你有关。
- 你所做的一切也不一定和他有关。
- 或许他们有其他事情要考虑。
- 他可能只是单纯的暖男，没有其他意思。
- 你们会在一起就说明你是有可取之处的，不然他也不会和你在一起了。

缩小积极面

有时我们常常会忽略生活中一些积极的事情，而专注于消极的一面。例如，你可能只关注到你的伴侣正和一个很有魅力的人谈笑，而忽略了他整晚对你的细心照顾。当你开始忽视关系中积极的一面时，你也很有可能忽略了你们之间强大的情感纽带。你可能会无意识地将他所做的一切积极行为视为理所当然，没有给予任何特殊的肯定与奖励，而你的伴侣很可能会因此变得沮丧和失落，并从此认定做这些积极的事情是没有意义的。而另一方面，你自己本身也会变得沮丧和失落，因为你始终专注于自己的偏见，专注于消极的一面。

试试重新调整自己的注意力吧，将关注点由消极转移到积极的方面。当你感受到这些积极的事物时，试着告诉你的伴侣，例如："你能抽出时间来关心我的工作，我很开心"或是"谢谢你能帮忙做家务"。给自己两周的时间，试着去捕捉这些积极的瞬间，可以是非常简单的行为，例如跟你谈心，夸奖你，帮助你，甚至只是抽时间跟你待在一起等。每天都试着去记录下对方为你所做的事，这会帮助你关注到关系中积极的一面，并有可能抵消你的偏见。

你可能会反驳："为什么我必须关注那些积极的方面？难道那不是我的伴侣应该做的吗？"确实，你可能希望自己的伴侣能够为这段感情做出努力。但只要你内心有这种想法，你就会多去关注对方所做的一切，这就是亲密关系真正需要的东西。我经常听到有夫妻跟我抱怨：双方都认为自己没有受到重视，他们所做的一切在对方看来仿佛都是理所当然的。

你的付出是否有被人当作理所应当的时候？如果你的伴侣开始关注你为他所做的一切，并且每天都夸你，你会有什么感觉？我建议你可以尝试两周，试着去捕捉伴侣为你所做的事，看看是否会感觉更好。事实上，如果我们多去关注并且赞扬这些积极行为，它们出现的频率就会增加，因为赞美会让行动方更有动力。看看下列情形能否扭转你的心态：

- 忽视这些积极的方面会有什么后果？如果你总是将这些视为理所应当，那么你的伴侣很可能会觉得自己不受重视。
- 关注消极的方面能够巩固你们之间的关系吗？或许不能吧。
- 列一张清单，看看对方曾经为你做过哪些事。
- 每天都试着罗列一下对方为你做的事情。

乱贴标签

当你看不透别人，也猜不透自己的时候，你会对伴侣或是某种类型的人进行一个笼统的描述，这就是你给他们贴的标签。例如，你可能会称自己的伴侣为"神经病""控制狂""可怜虫"或是"大骗子"。你给伴侣贴上了这样的标签后，仿佛它就能代表本人了似的。乱贴标签的问题不再是忽略积极的方面了，而是仅关注一些极端消极的行为。

试问，如果有人给你贴上某个标签，你会有什么感觉？这种感觉应该就像整个人都被这个标签禁锢住了，人们看不到你的其他方面，而你也丝毫没有改变的余地。当你给伴侣贴上标签时，他很可能会进行反抗，并因此而引发争吵。

与其随意给他人贴上一个标签，我们不妨试试区别对待每一种行为，并且顺着你的期望值去描述。例如，你可以对伴侣说："如果你能老实告诉我，上次开会你都和谁聊天了，我心里会更舒服些。"而不是擅自给他戴上"大骗子"的帽子。如果想要改掉这个贴标签的习惯，你可能需要去关注所有与你心中负面标签不一致的行为。例如，如果你把伴侣标记为"控制狂"，那么你需要去考虑她所有不具操控性的行为。人类是一种很复杂的生物，他们的行为会随着情形和对象的变化而变化。如果能够理解这种复杂性和多变性，你或许就能用更多更现实的方式来处理嫉妒。当你想要给对方贴上标签时，可以先考虑一下以下问题：

- 乱贴标签的后果是什么？你是否变得更加愤怒、焦虑、嫉妒和绝望了呢？
- 如果别人给你贴标签，你有什么感受？
- 给伴侣贴标签的时候，你是否错过了某些信息？
- 你的伴侣是否做过与标签不符的事情呢？
- 在特定情况下，伴侣的行为是否会受到其他因素的影响？ 例如，你的伴侣碰巧遇到了前任，并真诚地与之打招呼。或许她只是单纯地高兴，毕竟见到了曾经喜欢的人。
- 除了贴标签，你能否找出影响伴侣行为的一些具体的想法和因素？
- 怎样才能让你的伴侣做些会让你们双方都开心的事情？

理性思考

下面我们再分析几个常见的案例,看看其中都包含哪些思维偏见,并共同探讨如何理性对待这些想法，希望能对你有所帮助。

"她认为我们之间已经结束了,这肯定是因为她爱上她的老板了。"

读心术：毫无根据，你以为自己能够了解伴侣和他人的想法。

理性思考： "她不是这样想的，她只是提出了一些能够加深我们感情的建议，比如一起去旅行。她还是爱我的，要不然她也不会被我的话伤得这么深。"

"他会和别的女人在一起，然后和我离婚。"

预测未来：你总是消极地看待未来，觉得事情只会越来越糟，未来一片黑暗。

理性思考： "我简直就是杞人忧天，我们确实曾经有过矛盾，但后来都解决了。我们在一起这么多年了，从相知到相爱，还是很幸福的。"

"吵架真是太痛苦了，真不敢想象如果她背叛我，我们会怎样。"

灾难化：你认为已经发生的或是即将发生的事情肯定会非常可怕，一定会超出你的承受范围。

理性思考： "虽然吵架的过程确实让人很痛苦，但如果我们各退一步，回想过去的种种，会发现我们还是有很多美好回忆的，不应该因为这一次争吵就否定我们的一切。"

"我们过不下去了，因为他根本就是个大骗子。"

贴标签：你把所有消极的东西都扣到自己和别人的头上，甚至否定你们的关系。

理性思考："我们只是普通人而已，两个人在一起肯定有好处也有坏处。好处是我们相知相爱，互相尊重，互相支持，共渡难关。我们一直相处得很好，以后也会越来越好的。"

"虽然她说她爱我，但这并不代表她不会背叛我。"

缩小积极面：你总是忽略对方为你或是为你们的关系所做的努力，认为它们根本不值一提。

理性思考："我们有许多美好的回忆，我们相互吸引，有共同的兴趣爱好，常常畅聊人生。"

"看看我们之间都变成什么样了，整天吵架，双方都不好受。我们都这样了，他肯定爱上别人了。"

放大消极面：你几乎只关注关系中消极的一面，从来不去考虑积极的方面。

理性思考："虽然我们有这么多不愉快，但也有快乐的时光。只关注消极面是不合理的，只会让人更加难过，我应该多去关注积极的方面。"

"又吵架了，我们之间现在只剩下无尽的争吵了。"

以偏概全：你把一次的经历当成了惯例。

理性思考："不是这样的，我们可以一个星期或是更长时间不吵架的。我们都需要改变自己，就像以前我们懂得倾听对方，会去接受不一样的观点，共同面对。其实只要我们一起努力，问题都会一一解决的。"

"我们一直争吵，就是因为她老是和其他男人调情。"

非黑即白：你对人或事的判断都是绝对的：要么都是好的，要么都是坏的。

理性思考："我们每周确实会吵那么一到两次，一次比一次吵得凶。但除此之外，大多数时候我们还是相处得很好的。我应该综合考虑我们的幸福时光和问题所在，而不是单一地从一个角度看待我们的关系。"

"我们不该天天吵架的。我们应该时刻保持新鲜感，因对方而感到快乐，这样我才能更有安全感。"

主观臆断：你总是认为事情"应该"怎么样，却忽略了事情的本质。

理性思考："每个人都希望自己是完美的，但现实是我们并不是，因此我们需要共同努力来减少争吵。我们的感情也不是完美的，所以有时候我想要亲热，但对方不想，也是正常的。"

"如果她被其他男人所吸引，那肯定是觉得我这个人无趣了。"

独揽责任：你把所有问题都揽到自己身上，伴侣或其他人的所作所为仿佛都跟你有关系。

理性思考："每个人都有幽默风趣的时候，而我也不必始终保持幽默风趣。她对别人的态度与她对我的看法没有直接关系。"

"我会嫉妒都是因为他和其他女人说话，都是他的错。"

推卸责任：你把自己的负面情绪都归咎于他人，而不愿意承认自己的问题。

理性思考："这不单单是他的问题，一个巴掌拍不响，我们双方都需要改变。我承认看到他跟别的女人说话，嫉妒是我自发的反应。"

"我觉得很不安，肯定是我的伴侣背着我做什么了。"

情绪主导：你会根据自己的情绪去推测现实。

理性思考："我会焦虑或许并不是因为他在和别人幽会，或许只是因为今天过得不太顺利，一切都会慢慢好起来的。"

提出质疑

上文我们讨论了引起不安、愤怒以及嫉妒的一系列自发想法，但事实上这些消极想法的源头在于内在的认知。正如我在第四章中所提到的，这些内在假设就是我们所说的内心的一套既定规则。这些规则的特点在于常以"如果……那么……"这样的句式呈现，例如："如果我的伴侣觉得别人有魅力，那么他肯定不再爱我了，我不能再相信他了。"试想一下，如果你内心没有既定的假设，你可能只会单纯地想：每个人都有自己吸引人的地方，我们觉得他人有魅力是很正常的，这并不代表他对我的感情变质了或者会背叛我。

这些既定规则与假设也是自动冒出来的，几乎没有任何征兆，它们通常关注事情应该怎么样，例如："我的伴侣应该只关注我"或"我的伴侣应该告诉我她所有的想法和感受"。就像上文中那些自发的消极想法一样，针对这些内心的假设与规则，我们也可以提出许多类似的问题。

你的假设的优缺点分别是什么？

举个例子，"如果我的伴侣和别人调情，那么我肯定不能再相信她了"。在这个案例中，这样的假设通常会引起嫉妒、愤怒，你甚至会对你的伴侣或其他人进行报复。你可能以为借此指责你的伴侣，能够让她与别人保持距离，让她感到内疚，甚至拿分手来威胁她。

这些假设是否现实？

另一个评估这些假设的方式就是看看它们是否符合实际，换句话说：

- 你的伴侣永远看不到别人的优点，这现实吗？
- 除了你之外，你的伴侣对其他人都是凶巴巴的，这现实吗？
- 只有你们的感情生活是和谐的，这现实吗？

你可能认为如果你的伴侣能够始终钟情于你，你会过得更幸福。但理想是丰满的，现实是骨感的，如果始终抱有这些不切实际的幻想，你会觉得现实生活永远不如意，令人沮丧。

换成是你，你会怎么办？

评估这些假设的另一种方法就是把它们的应用对象换成你自己。

你是否也应该如此：你永远不应该觉得他人有魅力；你认为你和他的感情生活是最完美的；除了你的伴侣之外，你从不和其他人玩暧昧，或是对别人特别友好。如果你确实和其他人调情了，那是不是说明你这个人也不可信呢？如果你发现很难将这个标准应用在自己身上，那么你这就是双重标准了。你觉得自己是这样的吗？

能否因人而异呢？

制定更加灵活或现实的标准或许会有所帮助。"我的伴侣正在和别人调情"，这个想法可能会令我感到困扰，因为我由此断定他不尊重我。但是我们来深入分析一下：如果有人在调情，原因是否就是他不尊重我，有没有其他可能性呢？例如，我的伴侣在调情，可能是因为别人主动向他示好，他只是被动地回应，这只是一种自然的条件反射。换句话说，他并不是不尊重我，更不是有意要伤害我。

原因还可能是这是他的习惯。在我们在一起之前，他习惯了展现自己充满魅力的一面，而这很可能就是我当初爱上他的原因之一。他和别人调情，或许只是想验证自己的魅力，用他人的肯定来满足自己的自尊心。为了消除他不尊重我的想法，我可以多去寻找他尊重我的证据。也许在第一时间陪伴我就是他关心我、在意我的方式。

避免过度解读

有时我们会过度解读伴侣的行为，认为他们所做的事情一定反映出了自身的某些问题。举一个很可怕的例子：就拿"我的伴侣会背叛我"来说，我的许多客户不仅担心自己被伴侣背叛，他们也非常担心这种背叛对他们自身意味着什么。例如，沃尔特认定："如果我的妻子背叛我，那么这就说明我是个傻瓜，我不如其他男人，其他女人也不会接受我这样一个失败者。"

　　我们来详细分析一下沃尔特的案例，看看他的想法——"如果伴侣背叛了我，我就是个傻瓜"——是否真的有意义。试想，如果有人在你背后偷东西，这到底是说明你是个傻瓜，还是说明这个人是个小偷？答案显而易见。同样的道理，你的伴侣背叛了你，这难道不是体现了他的性格品质吗？这更多地反映出"他们"而不是"你"的问题！因此，如果你的伴侣欺骗甚至背叛了你，这根本不是你的问题；相反，这意味着你的伴侣未能兑现自己所许下的承诺。扪心自问：如果一个男人被老婆戴了"绿帽子"，你会怎么看？大多数情况下，你会认为是他的妻子没有履行忠诚的承诺，而很少会去想她为什么这么做吧？下面我们来看看我和沃尔特的对话。

　　　　　我：为什么妻子背叛了你，你就认为自己不如其他男人？

　　　　　沃尔特：嗯……这说明我无法满足她，我还不够好，配不上她。

　　　　　我：具体哪方面不够好呢？

　　　　　沃尔特：可能是我不够有魅力吧。

　　　　　我：但你们已经结婚 11 年了，你跟我说你们的感情生活一直很和谐，她也很享受，怎么又说她觉得你没有魅力呢？这不是自相矛盾吗？

沃尔特：是这样没错，她确实对我们的性生活很满意，这点我知道。但如果她出轨了，肯定是因为对我失去兴趣了。

我：我们先就事论事。首先，我们没有掌握任何证据证明你的妻子出轨了；其次，你们的婚后生活很和谐，并且已经结婚 11 年了，如果她真的要背叛你，会不会是她自己的原因，而不是你的原因呢？

沃尔特：她可能是个比较自卑的人，这一点在我们刚交往的时候我就知道了。但我不知道是不是这个原因，如果她真的出轨了，我能想到的就只有这个，或许这是原因之一？

我：照这样看的话，"如果她出轨了，那就说明沃尔特是个彻头彻尾的失败者"这个想法完全不符合现实，也没有任何逻辑可言了。对他人背叛的恐惧与担忧是非常普遍的一种情绪，几乎每个人都会经历，但我们今天所关注的是你因此对自己的认知——认为自己不如别人。

沃尔特：是的，我知道这不符合逻辑，但我也怕如果我们就此分手了，我会不会就再也找不到其他人了。

我：我知道你为什么会觉得这么困扰了，因为你对这段感情看得很重，很珍惜互相的承诺，想要维持好这段亲密关系。那么，你最好的朋友通常是怎么评价你的呢？

沃尔特：我最好的朋友是梅里，我们高中就认识了，关系一直很好。我觉得在他眼里，我应该是个很忠实的朋友，慷慨又聪明，会照顾人，也很幽默，跟我在一起很快乐。他觉得我会是个好爸爸、好丈夫，当然他也知道我的一些缺点，不过，他还是很喜欢跟我做朋友的。

我：那还有没有其他人，也对你赞赏有加呢？

沃尔特：嗯……基本上我跟所有同事都相处得很融洽，我也有很多老朋友，大家还是挺喜欢我的。

我：有没有发现你所描述的就是比较讨女性喜欢的一类人呢？

沃尔特：应该是吧，但是我结婚很多年了，我从来没有想过要出轨。

我：那么结婚这么多年是不是也意味着你善于经营与维系一段长期的关系呢？假设你还没结婚，这个特质会不会正是其他女性喜欢的呢？

沃尔特：我一直都不是一个好丈夫。

我：你能意识到自己不是个好丈夫，这一点可能恰恰也是你的优点，说明你很谦逊，或许这一点就能俘获其他女人的芳心了，你觉得呢？

就像沃尔特一样，你也可以看看自己内心深处的恐惧到底是什么。因为认定妻子的背叛一定意味着自己有某些缺点，沃尔特才会格外在意妻子的一举一动，他把妻子的不忠归因于自己的失败无能上，认定不会再有人能接受他了。

面对潜在的背叛，几乎每个人都会沮丧不安，但对不同的人来说，背叛所代表的意义也是不同的，我们的恐惧、不安、嫉妒也正是来源于这些背叛背后隐藏的意义。下面我们具体来看几条背叛的隐藏意义，看看是否与你的想法一致。如果我的伴侣出轨了，那就说明：

- 我是个傻瓜。
- 我没有魅力。
- 我是个糟糕的伴侣。
- 在别人眼里，我就是个失败者。
- 我无法维系一段感情。
- 我无能。
- 我再也找不到其他对象了。
- 我以后的感情也都会失败。
- 我一个人肯定不会幸福的。
- 我一个人肯定过不下去。

有时候，我们内心的恐惧太过强烈了，往往会立即引发我们的嫉妒心。但或许现在的关系对你的未来或是你的幸福根本不重要呢？我并不是说现在的关系毫无意义，或者你们的感情马上就要走到头了，我只是单纯地希望你考虑一下其他的可能性，或许当你们的关系结束了，你一个人也可以生活，甚至过得更好呢。

"如果我被背叛了呢？"

如果你被伴侣背叛了，生活会变成什么样子？这可能就是隐藏在嫉妒中的你的恐惧之源。通常情况下，认为自己没有其他选择的人更容易产生嫉妒。换句话说，如果你认为只有现在的关系才能带给你幸福，那么你就更担心会失去它。但如果你相信未来还有其他的选择，那么对现在的关系，你就可能会少一些嫉妒。少些嫉妒、少些绝望，你们的关系才能走得更远。因此，记住，在感情之外你也可以过得很幸福，在其他地方你也可以找到自己存在的意义。

凯西总是担心，如果丈夫背叛了她，她就只能悲惨地孤独终老了。凯西结婚八年了，有一个儿子，她的担心是，如果丈夫出轨了，她怕自己再也不会快乐了。以下是我和她的谈话。

***

我：首先我们要明确的是，并没有证据证明他出轨了。但我们也要明白，现实生活中什么都有可能。那么我们来深入剖析一下你的恐惧，看看有没有其他看待方式。你说你无法想象和你丈夫分开，离开他之后你就不可能再拥有幸福了。那么在你遇见你丈夫之前，你都喜欢做什么呢？

凯西：我喜欢工作，也有很多朋友，我很喜欢学习、运动、旅行、阅读等，就是过好自己的生活吧。

我：在遇到你丈夫之前，你的爱好还是挺广泛的嘛。

凯西：是的。

我：那么，在结婚的这八年中，有没有哪些事情是你喜欢，而你丈夫完全没有参与的呢？

凯西：事实上，我跟你说的那些爱好他都没有参与。我喜欢跟朋友出去玩，我也知道他对这种约会不感兴趣，所以大部分时间我都是自己跟朋友出去。我喜欢做瑜伽，因为瑜伽能够让我放松自己，有些朋友就是做瑜伽的时候认识的。我也喜欢我的工作，我在工作中表现得很出色，所以同事大多都很尊重我。

我：所以在你遇见你丈夫之前，你就有很多兴趣爱好，结婚后即使没有丈夫的陪同，你还是一直在做一些以前喜欢的事情。所以，有没有可能就算你们离婚了，你还是可以享受自己的生活呢？

凯西：应该可以吧，我的生活确实还是比较有趣的。

我：如果你们离婚了——当然我是说如果，你会不会去尝试一些新的东西？

凯西：应该会。一方面，我可能会跟其他男人约会吧，虽然很难想象结婚八年之后再跟其他男人约会会怎么样。我可能会重返校园，继续攻读硕士学位，这是我一直想要完成的心愿。还有些曾经我很想去，但我丈夫不想去的地方，离婚后我应该会独自去那些地方旅行。确实我可能有很多想做的事，会遇见不同的人，虽然我不能完全肯定，但我应该会过上另一种生活。

我：担心离婚会给自己留下永久的伤疤是人之常情，但我很好奇，你以前经历过分手吗？

凯西：嗯……我大学的时候经历过一次，还有就是在遇到我丈夫的三年前，我和恋爱了两年的男友分手了，我经历过分手。

我：当初分手的时候，你是不是也觉得痛不欲生，觉得自己以后再也不会快乐了？

凯西：是的，事实上我记得有一次分手后，我甚至产生了轻生的想法，因为我觉得自己再也无法快乐地生活下去了。

我：看得出来分手对你的伤害很大，分手对你来说仿佛就意味着永恒的孤独与悲伤。但结合你后来的经历，其实你最终还是克服了分手带来的痛苦，一切都慢慢好起来了。你应该记住这一点。

凯西：回头去看我也能明白这一点，但是在当时那个瞬间是不会这么想的。

我：即使是这样，你也应该时刻记住，当初你以为自己再也无法快乐了，但事实证明一切都会过去的。试想，如果你知道无论离开了谁，你最后都会快乐地生活下去，那么分手后你还会这么痛苦吗？

凯西：不会，如果我相信或是我知道自己以后还是会快乐的话，我不会那么绝望。

我：所以这些过往的感情经历对你未来的幸福并不那么重要，对吧？

凯西：是的，不重要。

"我还能相信别人吗？"

你可能会担心，如果伴侣背叛了你，自己以后可能再也无法相信别人了。那么，让我们一起来看看，一般情况下背叛会带来什么样的结局。再次重申，我并不是断定你的伴侣是不可信的，我们只是假设如果他辜负了你的信任，这对于你去相信其他人有什么影响。

一般经历过背叛与分手之后，很多人都会跟我说："我再也不会相信另一半了。"这种下意识的反应或许是一种自我保护机制，防止自己再次受到伤害，尤其是刚刚从上一段感情中恢复过来的时候。在开始下一段感情之前，慢慢消化分手后的情绪或许也是件好事。

我们来整理一下逻辑：如果你被一个人背叛，那么你永远都不会再相信另一个人。这一棒子打翻一船人的逻辑符合实际吗？这就好比，如果有人偷了我的东西，那么世界上每个人都是小偷。这显然不合逻辑，也根本没有什么用。假设分手之后你再次和别人约会，遇到了一个真正喜欢的人，但是她告诉你她被曾经的伴侣背叛过，所以她不能相信你，她认为这个世界上谁都不能信，你觉得这有道理吗？

如果选择永远不去信任任何人，你的生活将会变得很艰难。可能你身边也有一些经历过分手、背叛或是再也不相信任何人的人，但这种过度保护机制只会将人们困在一段感情中，无法去开展新的感情，体会新的快乐与新的人生意义。

你身边可能也有一些经历了背叛，但后来又重新建立了新感情的人，这些人通常只会将背叛视为对方的问题，而不会将其推广到所有人身上。信任是可以恢复的，有时候你可能会觉得自己完全丧失了信任别人的能力，但后来会发现它又回来了。事实上，经历多次分手之后，你可能已经体验过这种感觉了，而生活一直在继续。

寻找"幸存者"

另一种看待内心深处恐惧的方法，就是看看身边有没有幸免于背叛的人。有没有人即使经历了伴侣的出轨，仍然能够过上美好的生活？大多数人都知道有些人是因为背叛而分手的，你呢？ 也许现在你脑海中浮现出来的那个人还没有开展新的恋情，但这是否意味着他现在每时每刻都很痛苦呢？ 或许不会吧。即使他们还没有开始一段新的感情，或许他们的生活也是跌宕起伏、精彩纷呈的。

人的恢复、适应能力其实是很强的，能够从各种损失甚至是背叛中恢复。在经历了最糟糕的事情——遭到背叛之后，人们的生活仍在继续，并且在某些情况下，可能还比以前过得更好了。这应该足以让你相信遭到背叛并不是什么世界末日，这么多人都挺过来了，你也一样可以。如果你能明白这一点，那么在现在的关系中，或许你就不会那么不安，甚至不会那么善妒了。

第九章　正视自己的嫉妒心

在第七章中，我们将自己的大脑想象成一个巨大的房间，里面充满了不同的物体，充满了记忆。现在同样地，请你也将自己的情感关系想象成一个大房间，里面不仅仅只有嫉妒这一种情绪，还包含许多丰富多彩、错综复杂的东西，所有这些都是这段关系的组成部分。

感情空间

感情空间指的其实就是一个人的心理空间，里面充满了回忆、情绪、思想、经历、失望、希望与各种各样的感觉，就像是一个万花筒。研究这个就像环顾自己所处的房间一样，在书房里，里面放满了成堆的书、台灯、纸、笔和几把椅子。看到其中一本书，就有可能唤起我们的回忆、想法和感受。看到另一本书，我知道我一直想读这本书，但始终没有机会。这就是一个空间，周围充满了物体、图像、记忆以及各种各样的可能性。空间内包含的不只有一件事、一种感觉、一个经历，一段时间，它可以延伸到过去和未来。同样地，你们的感情空间里有双方共同的经历，有些或许被记忆所掩盖，直到哪天不经意地就出现了。无论在这个空间内你遇到了什么——包括你的嫉妒或是伴侣的嫉妒，它都只是某一时刻、某一层次、某一种可能性。

试着将你和伴侣之间的关系想象成一个房间，也许它很杂乱，就像我的书房一样。要想找到想要的东西，你需要四处搜寻。或许里面会有些过去的图像能给你些许提示，但里面也充满了你在过去几个月甚至是过去几年里的一系列感受。嫉妒、愤怒、焦虑和悲伤已经在这个房间里待了很久了，它们一直困扰着你，但是这个房间很大，除了现在，还有过去和未来，这个房间在时空中来回穿梭。

环顾这个大而复杂、看似不断变化的房间，其中包括了很多现在你可能已经忘记了的东西。或许你还记得你们的第一次见面、第一次约会，甚至是当天的穿着打扮。记得自己一开始的感觉，记得一起散步的时光，记得对方的笑声，记得想要对方回答的问题。你甚至还记得第一次亲近时的感觉以及之后很多感受。在这个巨大的房间里，不论隐藏了什么，当你再次发现当时那种亲近、安全、快乐的感受时，你会想："到底发生了什么？为什么这种感觉好像永远消失了一样？"但其实它就在这里，就在你的房间里，就在你的眼前，就在你的脑海中，就是你当下的感觉。

在环顾整个房间时，你的思绪会回到过去，你会记起从前的快乐、欢笑和嬉戏；你记起想要看到对方的渴望，分开时的想念，想要抱着他，想要被他抱住；你还记得与对方分享特别的东西时的感觉，或许是一顿在你们俩都喜欢的餐厅吃过的晚餐，或许是一起散步的午后。这些对其他人来说可能很普通，但当你们在一起时，你会觉得这就是属于你们两个共同的东西。回想起过去那些记忆，即便是现在，你也能感受到温暖，但同时你也发现你渴望的这种爱不见了，你之所以感到悲伤，是因为你仍然害怕失去它，因为它曾经是你们共同拥有的。

你的伴侣感动你的是什么？是什么让你一下子就觉得"是的，就是这个人"？事实上很难去界定这种感受，也很难找到对应的话语。但这就是你现在正寻找的内容：话语。在语言的背后，往往有一波波情绪、图像以及回忆，每一种都与之前看起来不同，有些看起来似乎相互排斥，但它们会一个接一个地向你涌来，穿过你们之间的回忆，穿过你的感受、你的矛盾。在这个相对变化的属于你的房间里，你意识到生活充满了矛盾，有爱与希望的地方，就会有悲伤和愤怒。这波浪潮可能会将你击退，你们双方都有可能会倒下，但只要你努力挣扎，试着去站起来，即使是在最困难的时期，你也能重新崛起。如果你愿意握住别人伸出的手，或是愿意伸出自己的手，你同样可以走出这些失望。你不知道，你不想再奢求希望，是因为你们双方都被击倒了。

切换视角

也许你的嫉妒就像一个带有加深效果的镜头，透过这个镜头，你看到了自己和伴侣，而焦点似乎始终集中在让你困惑、无望以及不喜欢的东西上。这个镜头所呈现的只是一个黯淡的现实，你看不到其他的东西，眼前充斥着愤怒、焦虑和悲伤等情绪，挥之不去。

我还记得小时候第一次看万花筒时，我觉得自己进入了一个全新的世界。我一转动，万花筒里的图案就变了；再转回来，图案又变得不一样了。我发现所有的图案都是对称的，每次转动，都会出现不同的图案。我常常想，或许感情关系就像一个万花筒：每次转动，都会有新的发现。当我生气的时候，我应该处于非常黑暗的场景之中，看似想要捕捉一切，但其实只是把自己留在了黑暗之中。人在愤怒的时候，往往所想即所见："肯定就是这样的。"这时候会觉得自己被这种黑暗、绝望所包围，仿佛走进了一个死胡同。然后我就会想：如果我转动这个万花筒，会发生什么？如果换个图案呢，我会看到什么，会有什么感觉呢？

现在就让我们来转动这个万花筒，看看换个视角会有什么不同的感受。每转动一次，就会切换到不同的情绪，这个会更加客观直接，一起来试试吧。

善良视角

学会善良待人。回想一下，从小到大，你生命中有没有出现过特别有同情心的人，有没有对你特别友善的人，你对他还有什么印象？

对我来说，我想起了我的奶奶，记忆中她总是嘴角含着笑，抱着我，温柔地告诉我我有多棒。接着，将这个人、这个记忆带入当下的情景中，闭上眼睛，感受被拥抱、被抚慰的感觉。想象自己被同情心和善良所包围，被爱所包围，你会因此而倍感安心。

现在想象一下，把你感受到的爱与善良给予别人，没错，将这种感受传递给你的他："我喜欢你的温柔，我喜欢你的善良，我爱你。"传递出去后，你同样能感受到这份爱，从你的心中流淌到他的心中。此时你们的心是在一起的，两颗心紧紧相依。

快乐视角

就现在，我想让你回忆一下另一种情绪。回想一下自己玩乐和大笑的时候，然后记住那一刻。对于我来说，我会想起在树林中沿着小径遛狗的记忆，我看着它四处奔跑嗅探。回想起这段记忆，此刻它仿佛就在我的脑海里，在我的心中，我在和它玩耍。我扔出一个小足球，看着它去追，翘着高高的尾巴，边跑边喘气，我看到它抓住了足球并带回我的身边。每次想到这里，我都能感到一阵快乐。

混合视角

每当回想起和我的奶奶在一起以及遛狗的快乐时光时，我也会感到一阵失落，因为他们都不在我的身边了，但他们带给我的爱与快乐始终让我记忆犹新。直到现在，我偶尔也会感受到这些情绪，仿佛他们从未离开。当然，失落感也是相伴而来的，我为他们的离开而感到难过，但也庆幸自己还保留着这些快乐的回忆。

这就是感情空间中情绪和记忆的本质。这些感受似乎相互矛盾，既快乐又悲伤，怎么可能呢？你可能会问：同一段记忆，我怎么会有两种这么极端的感受呢？这两种矛盾的感受不会互相抵消吗？如果抵消了，是不是意味着我就没有任何感觉了呢？

恰恰相反，这两种感觉都是合理的、真实的。对于同一段记忆，我们确实会有正面和负面的感受，就像你对伴侣也有积极和消极的看法一样。你可以嫉妒但同时仍然爱着他；你可以生气但仍然不想离开对方。

你并不会感到迷惘，因为你会意识到自己的感受是多么丰富和广泛，它从来不是单一的一种感受，就像万花筒一样，你的情绪也充满了各种形状和颜色，每转动一次，一切都会发生改变。

用善良视角看待你的伴侣

除了痛苦，你和你的伴侣是否还有其他共同的感受？你们之间难道只有嫉妒和愤怒吗？当然不可能，如果是这样，你就不会这么在乎，也不至于这么善妒了。你们之间其实还存在许多其他共同的感觉，例如我们刚刚提到的同情心、善良、渴望被拥抱和抚慰以及完全被包容的感觉。回想一下这些感觉，再试着去回忆你是否和伴侣一起经历过这些。

或许处于痛苦之中时，你很难做到去回忆这些积极的情感。但哪怕是暂时的，也试着将这些感觉带回生活中：去倾听，去感受，去记忆。

要知道这件事情仍然取决于你。要明白，即使受了伤，你们仍然可以彼此相爱。

事实上，会受伤是因为你还爱着对方。有时候我们会难过，是因为这些事情对我们很重要，所以即使受伤，也要学会去接受自己所有的感受，因为疼痛所在的地方，也一定有温暖与爱。即使你想离开你的伴侣来摆脱痛苦，你可能仍然爱着这个让你心生嫉妒的人。痛苦只是感情空间的一部分，周围自然还有其他东西。

在这个你们共同建立的感情空间里，没有比受伤时更好的机会去回想起你所感受到的爱了。人在嫉妒和愤怒时，要回想起对方的爱意并不容易，因此先把嫉妒放在椅子上，推到角落里，让它休息片刻，然后提醒自己去回忆曾经所经历过的爱情、你所得到的爱以及你给予对方的爱。

用快乐去衡量你的伴侣

嫉妒此时正坐在椅子上注视着一切，既然推开了嫉妒，不妨再多想想你们俩共同度过的快乐时光，例如你们看着对方时的傻笑。你可以试着找寻一下这些回忆。嫉妒始终坐在椅子上，而你也会发现此刻你的其他回忆和感受也在这个感情空间内。

共同解决的问题

我希望你也能关注一下这个感情空间里的其他东西：你们一起尝试解决的所有问题。回想一下曾经你们共同努力，一起解决的问题。

或许最近你们之间有很多分歧、争论或是令对方失望的地方。但是，如果你们没有共同解决过问题，你们也不会走到这一步，更不会产生嫉妒。

你们共同解决了哪些问题呢？也许在对方最困难的时候，你们互相帮助过对方，比如工作不顺利的时候，家庭不和睦的时候，或是友谊分崩离析的时候，在这些时候你们互相陪伴着对方，不是一个人，而是你们两个一起，共同去面对；也许你们一起抚养了孩子，从孩子出生开始，两人共同流下了感动的泪水；到后来看着孩子们滑稽的动作一起开怀大笑，再到看着他们长大，半夜醒来轮流照顾；也许你们一起制订了计划——户外活动、度假计划，一起把东西都准备好。记住你们俩共同完成的一切，这也是感情空间的一部分。

战胜嫉妒

嫉妒的时候，你可能会认为整段关系只剩下嫉妒和不信任了，你甚至可能给自己贴上"善妒"的标签。一旦嫉妒占据了主导地位，你可能就看不到自己，也看不到这段感情中其他丰富多彩的部分了。

当你称自己为一个善妒的人时，仿佛过去所有的一切都消失了，就好像你已经被这个标签取代了。所以你开始否定自己，将自己归入病态、贬义的类别，而不再是独立的个体，所有独特的经历，一系列情绪，过去以及现有的关系统统都被抹去了。你把自己装进一个盒子里，关上盖子，放在架子上，仿佛随时可能会被丢弃。

　　事实上，任何时候你的感情和感受都远远比嫉妒更重要、更强大。正如我们上文所分析的，你们彼此之间的感情丰富多彩，包括喜悦、快乐、好奇、亲密，共同解决问题的回忆，分享有意义的经历，一起规划未来，共享美好的时光等。因此，你的感情关系在任何时候都比嫉妒更重要、更丰富。将嫉妒置于更大的背景之下，暂时将其放下，多去关注感情中其他有意义的方面，你会发现自己所有的情感或是经历都还有很多的可能性。你不是一个"善妒的人"，你是一个情感经历丰富、充满无限可能的人。

　　我们可以将嫉妒和你的感情关系置于更大的生活环境中，而不仅仅局限于当下。我们要研究的是如何撇开当前的嫉妒，建立有意义的生活。所谓有意义，包括兼顾友谊、工作，树立自己生活中的价值观，明确生活的目标等。嫉妒只是这个大环境中的一部分，随着时间的推移，现实生活不断变化，新的机会也不断涌现。你的生活远比嫉妒更强大、更重要，其中充满了各种各样的可能性，如果你能把注意力从嫉妒上转移开的话。

留足空间

　　与其想着摆脱自己或伴侣的嫉妒情绪，倒不如将它视为生活的一个组成部分。生活本身包括了方方面面，嫉妒只能算作其中的一类情感。在情感空间里，所有的感受都可以找到自己的位置，没有什么需要剔除的。

留足空间能够让我们接受并承认嫉妒，与此同时，也为爱情、快乐和善良留出了空间，这些也是我们感情关系的一部分。腾出空间后，我们不必再与嫉妒斗争，不必去消除它，更不必为此生气和不安。我们可以接受"我现在有点嫉妒"，而不会为此感到沮丧；我们可以腾出空间而不去管嫉妒的想法和感觉，因为我们可以说，"我现在可以接受这些感受，我的生活并不会因此受到影响"，甚至还可以补充说，"我还可以体验到很多其他感受、回忆以及无限的可能性"。嫉妒的到来并不会清空整个房间，它只是在这里待一会儿，痛苦地呼喊几声，我们听到了，然后继续我们的生活。因此，为其留出空间远比向它开战更好。

第十章　共同面对

　　嫉妒来源于感情关系，且通常也不是一个人的问题，而是双方异常行为相互作用的结果。如果你是善妒的一方，你的思维方法、行为举止都会有所不同，有时正是这些异常的改变激化了双方的矛盾，例如，曲解伴侣的意思，刻意疏远他，质问他的一举一动，或是给他贴上多情不忠的标签。你的伴侣可能无意中说过、做过某些事情，从而触发了你的这些感受和想法，也可能他的行为本身就有问题。如果你的伴侣善妒，为了避免更多的争吵，你可能会减少与对方沟通，为自己辩解或是干脆隐瞒真相。你们两个轮流证明自己是对的，都试图赢得这场胜利，但最终却两败俱伤。

　　在这一章中，我们将具体探讨恋爱双方该如何面对嫉妒，制订相应的解决方案，并确定未来可行的基本规则，这需要你们双方共同付出努力，并就所提出的解决方法达成一致。感情有时会不断发展前进，但也有可能会停滞不前，这就取决于你们能否找到最适合的相处方式了。

基本准则

结合以往众多案例，若想真正解决问题，双方都需要做出一定的改变，嫉妒所造成的问题并非一个人的努力可以解决的。嫉妒是一个面向双方的问题，感情的双方都是解决方案的一部分。而解决嫉妒所带来的问题的过程也将会是增进彼此关系、促进双方理解、建立信任的一个绝佳机会。所以面对嫉妒，与其相互指责，不如一起寻找解决方案。

合理预期

时刻记住我们需要接受嫉妒这个现实。前几章中也多次提过，嫉妒是一种普遍的情感，它通常是承诺的一种表达方式，因此学会接受嫉妒是很重要的。我们无法消除嫉妒，但可以了解嫉妒的产生原因，并且理解对方为什么会这样做。在本章中，我们将提供一些行之有效的策略来应对嫉妒，但有了这些策略并不意味着你不会再遇到问题，它们只是指导你面对问题时该怎么做，怎样才能防止事情恶化，其中一些策略也许能够帮助你们进一步巩固彼此的关系。

困难并不在于问题本身，而在于不知如何应对，情况有时确实很棘手，你或许会感到灰心丧气或是认为毫无希望，但只要你认为值得，再难的事也值得一试。

人人都有包袱

人们经常说："我不想背负别人的包袱。"但每个人都有自己的包袱，因为没有人是完美无缺的。有些包袱是轻便的，就像手提行李一样，但也有一些是沉重的，需要花费大量的力气才能将其提起。很多事情往往是相伴而来的：信任问题、亲密关系、误解、不切实际的期望与感情中的挫折。人与人相处的过程当中必然会产生问题，而感情关系的维持需要双方共同付出诸多努力，在处理问题的过程中可能会引发指责和混乱，但如果处理得当，这会让双方变得更加亲密。

如果你想要开展一段感情，那么相处过程中产生的问题也是无法逃避的，而长久相处的关键在于愿意背负对方的包袱，愿意包容对方的缺点。还记得第六章中提到的"我感觉不好，你也感觉不好，但这没关系"吗？这很可能就是我们在长期关系中会遇到的情况。你或你的伴侣所背负的包袱都与现实情况有关，也许这些包袱来自工作、家庭、金钱、健康等其他方面。当你的伴侣陷入嫉妒时，不要站在道德制高点，认为自己是一个更好、更健康、更健全的人；当你自己陷入嫉妒时，不要认为你是独自面对困难的人，我们只是一时迷失了方向，但我们可以互相帮助，一起克服。

超越对错

不要总是纠结于对错。"纠结于对错"是感情关系中最常见的问题之一，在这个过程中，你和你的伴侣处在了对立的关系中，彼此都想要找到对方的纰漏，以赢得这场"感情官司"的胜利。事实上，最终谁都无法胜诉，因为争论的过程中你们会不断攻击对方，义正词严地为自己辩护，抱怨不相关的事情，甚至翻出陈年旧账。纠结于对错是典型的错误策略，即使你是正确的，这也破坏了双方原本的关系。稳定的感情通常建立在相互认可、理解，拥有同理心、同情心和共同的兴趣爱好之上。更亲近对方，更富有同情心、同理心，才更有利于关系的维持与发展。纠结于对错并不等同于接纳人类的脆弱和失败。

有所取舍

在你和伴侣开始解决嫉妒问题之前，还需要注意的是，什么是值得争论和关注的，并不是每一次失望或挫折的经历都值得讨论。心理学家把这种想法称为"伤害收集"（injury collection），这种想法会引导你去关注最琐碎的事情。很多人都会关注自己是否受到了不公平的待遇，或者关注可能是无心的或根本不存在的轻视和侮辱。问问自己，你的内心是否充满了抱怨？这样做会给你带来什么呢？只会带来更多的争吵。因此，尽量只去关注最重要的事情，减少内心的抱怨，多看看你们生活中更美好的一面。

明确目标

在双方开始讨论之前，先坐下来，仔细想想通过这次讨论自己想要达到什么结果，并将内心最真实的想法写下来。你的目标是什么？下面我们来看看几个可能的目标及其对应的结果（见表10-1）。

表 10-1　可能的目标及其对应的结果

我的目标	可能的结果
"我想把所有的感受都说出来。"	你的伴侣可能会因此变得戒备、疏远或是发起反击。
"我想证明我是对的。"	同上
"我想让我的伴侣也尝尝痛苦的滋味。"	同上
"我想要惩罚他们,这样就不会有下次了。"	同上
"我想赢得这场争吵。"	同上
"我想把握道德制高点。"	同上
"我想让他们承认错误并道歉。"	同上

通过表 10-1,我想你也应该大致明白了,如果你的目标只是疏导自己的情绪,证明自己是对的,或是想赢得争论、惩罚对方,那么最终只会让自己伤得更深。当我们处在痛苦之中时,会有这样的想法乃人之常情,但这确实只会让事情变得更糟。当我们觉得自己受到威胁、伤害或是不公平的对待时,我们的第一反应就是报复和表达愤怒,但这并不能帮助我们重获信任,得到承诺和同情。

试着将这场讨论想象成双赢或是两败俱伤的场景,没有人可以单方面得到自己想要的一切,但是你们双方通过这场讨论都将有所收获。你可能会得到一些自己想要的东西,但相应地也会失去一些其他的,你的伴侣也是一样。不要将目标定为争取胜利,而是要寻找能够推动事态发展的平衡点。以下目标可供参考:

- 我想要缓解我们之间紧张的关系。
- 我想要建立信任。

◦ 我想得到伴侣的尊重。

◦ 我想感受到爱。

◦ 我想去爱对方。

◦ 我想获得互相的理解。

在开始艰难的讨论之前，想清楚你想让事情如何发展。你可能会想："我必须告诉她，她这样做让我感觉太糟糕了"或"我必须摆脱所有负面的情绪"，或是"我有权利这样想"。一味地想要疏导自己的情绪、攻击对方、争取胜利，最终可能只会激化你们的矛盾，两败俱伤。实际上，真正有帮助的问题应该是"我该如何继续"和"我想要什么结果"。因此，要寻求一个更好的策略，让我们从倾听开始。

讨论过程

试着摆脱想要赢得争论的欲望，想想在你们的关系中什么更重要：是孰是孰非还是在一起的快乐。显然，讨论嫉妒的过程中会涉及事实、逻辑和公平，但同时也会让双方都觉得自己受到了尊重和重视，有人愿意倾听自己的心声。每个人都有过去，例如，一方可能遭受过背叛，或是未尽到承诺。每个人内心都有自己的预期，并且可能因此觉得某种行为是理所应当的，或是觉得自己应该得到怎样的对待。但你们的讨论不是审判，也不是一场辩论。记住，只是讨论，没有赢家和输家之分，并不是说"我是对的，那你就是错的"，如果讨论变成了比赛，最终你们俩都不会高兴。讨论的重点在于相互理解，相互尊重，相互协作，这是一次倾听与分享，而不是支配和控制。这是一次敞开心扉，将心底最柔软的部分展示给对方的机会，不是"我赢了，他输了"，而是"我在听，他也在听"。因此，首先要尝试去理解伴侣的想法、感受和内心的脆弱。

换位思考

你们两个人都可以做一个简单的练习：想想在你看来，对方是如何看待感情中的问题的，他会如何评价自己，然后把这些想法写下来。我发现，在发泄愤怒和焦虑之前，迈出这第一步，可以帮助你看清两件事：第一，你并不知道你的伴侣是如何看待事物的；第二，当你开始思考这个问题时，你会发现他看待事物的方式与你完全不同。

让你的伴侣知道你在倾听

接下来，暂时放下争取胜利的想法，试着去站在伴侣的角度，这可能需要你重新叙述他所说的话，让他知道你在听他说话。

让你的伴侣知道你理解他

然后，试着认可他所说的一些事实，比如"看到其他女人缠着我时，你会觉得嫉妒，这我完全理解"或者"我明白我的嫉妒让你觉得不舒服，让你受到了不公平的对待"。

理解并尊重别人的观点为什么那么重要？抛开胜负欲去理解他人又为什么那么重要？道理其实很简单，嫉妒的本质源自于不确定因素对依恋关系和亲密关系的威胁。因此，在解决嫉妒问题时，如果能让对方觉得自己受到了重视，就能够进一步巩固你们的关系。嫉妒就像是无人问津的呐喊，当双方互相理解、互相信任、互相尊重时，感情双方会因此更有安全感，也就减少了嫉妒产生的可能。如果你希望别人听到你的心声，首先你需要学会倾听，倾听是一切的前提。

这个策略的关键在于创造一个安全空间，因为嫉妒反映出的是你的不安全感。想象一下，你和你的伴侣被困在一个黑暗的洞穴里，其中有若干条通道，但是你们都不知道出口在哪里，四周很黑，而且里面只有你们两个人。手中的蜡烛在黑暗中闪烁，这烛光是你们唯一的希望，因为一旦蜡烛熄灭，你们就再也找不到出路了。你们一起拿着这支蜡烛，努力寻找出去的路。把这支蜡烛想象成你的嫉妒，你们一起拿着它，透过这微弱的光线一起寻找出去的通道。这是你们的蜡烛，你们共同的东西，你们必须依靠彼此才能找到出口，而你们的讨论就是烛光，指引你们找到出口，找到解决嫉妒的方法。

反思自我

检查一下你对嫉妒的认知和假设，看看自己是否无意中因此产生了异常、挑衅的行为举动。这些假设和既定规则（我们在第四章中曾提及），可能会妨碍你开展讨论，妨碍你处理感情关系、接纳嫉妒。例如："男人与女人不同""没有人能命令我做什么""我不应该处理这个问题"或者"这不会带来任何改变的"。

也可以看看自己是否有一些反嫉妒的认知，例如："我的伴侣不应该嫉妒""只有缺乏安全感的人才会嫉妒"以及"他应该信任我"等等。这些认知都会成为你判断伴侣的依据。那么，这些认知对于感情的维系是否有帮助呢？答案或许是否定的。

人们往往将自己视为善良的人，因此不允许自己的行为受到任何质疑。或许你确实是友善的，但"我的爱人就应该相信我"这种想法听起来太过于理所应当了。大部分人都认为自己有权利按照自己的意愿做事，但不愿意承认问题是双方共同制造出的。更公平和现实的认知能够让你更好地接受伴侣的嫉妒情绪，同时帮助他更有效地应对。时刻记住，处理嫉妒是两个人的事，下列认知或许会有所帮助：

- 嫉妒是大多数情侣都会遇到的问题。
- 我们都能接受嫉妒的存在，即使嫉妒，我们也会共同进退。
- 感情关系需要妥协和平衡，没有人能按照自己的意愿得到自己想要的一切。
- 双方充分的沟通会帮助我们更好地应对嫉妒。

沟通准则

将你们之间的沟通视为一场会议，并限制其时长。在谈论嫉妒时，找到一个中立的时间很重要，即你们双方的情绪都较为平静的时候。例如，你们可以这样开始："用 20 分钟的时间，让我们一起坐下来，好好讨论一下如何应对嫉妒这个问题，重点考虑一下双方的感受吧。"

找准自己的定位

不要将讨论视为一次控诉或是责备伴侣的机会。通过互相理解，改变固有的认知："这是我们的问题，而不是你的问题。"从而促使双方共同努力解决问题。你可以说："我知道这个问题我也有责任，所以我也想帮忙解决。"讨论的过程事实上就是解决问题的过程，目的是尽自己所能地建立信任。

将嫉妒视为一个需要解决、需要分享的问题。例如，如果你是那个嫉妒的人，你可以说："虽然嫉妒确实让我很痛苦，但我知道你也一定不好受。这是我们需要共同面对的问题。所以我想更多地了解你的感受，也让你知道我的想法和感受。"如果是你的伴侣感到嫉妒，你可以说："我知道有时候我无心的一句话、无意的一些举动可能会让你感到不安。所以我想多听听你的感受，也让你能更多地了解我的感受。我知道，这对我们俩来说是个难关。"

据我观察，嫉妒通常是两个人才会产生的问题。有时候我们可能会做一些自认为无辜甚至是善意的事情，但这可能就会引起伴侣的嫉妒。例如，和前任一起喝咖啡，或是在社交媒体上和曾经暗恋的人打招呼。你的本意可能只是想表示友好，但你忽略了现任伴侣的感受。所以你可能会觉得莫名其妙："你怎么了？我什么都没有做啊！"有时候，伴侣可能会用愤怒和嘲笑来回应对方的嫉妒，但这只会让问题变得更糟。只有接受和认可"这个问题是我们两个人的，因为感情也是两个人的"这个想法，才能多去倾听，努力尊重彼此，真正解决问题。

拒绝互相贴标签

如果给对方贴上"神经质""没安全感""自私""自恋"等负

面标签，在这种情况下进行的沟通甚至都可能无法顺利结束。尽可能避免这些具有贬义的概括，不要在沟通前就盲目地给对方贴标签。相反，你可以说："我们先试着了解一下双方的感受吧。"当我们给别人贴上标签时，他们会因此感到羞辱、排斥，被这种情绪蒙蔽了自己的感官，从而可能会忽略一切细微的变化。而且，一旦被贴上标签，人们会选择反击或是疏远对方。想要从根本上解决嫉妒带来的问题，我们应该拉近彼此的关系，而非单方面地责怪、发泄。显然，被贴上"缺乏安全感""神经质"等负面标签是无法让双方亲近彼此的。

给对方表达自己的机会

　　任何一方都不喜欢被单方面说教，因此试着给对方五分钟的时间来表达其内心的想法和感受，这段时间内，你的任务就是记录对方所提到的要点，不管你是否同意。例如，女方可能说："每次看到你身边围着其他漂亮女人，我都会觉得很不安。我觉得你很享受这种被美女环绕的感觉，你喜欢和她们玩暧昧。"以上观点不管你是否同意，把你听到的一字不落地写下来。在这五分钟结束后，你可以说："我们来梳理一下，当我身边出现其他女人时，你就会觉得不舒服，你觉得我喜欢和她们调情。我这样理解没问题吧？"通过这种方式，你们两个人都可以完整地表达出自己的观点，不被对方批评，也没有争吵，双方都可以充分地表达自我。倾听并不意味着赞同，而只是获取信息的一种方式，这种方式能够巩固你们的关系，帮助你们解决问题。

互相体谅

对于你们双方来说，这都是一段比较痛苦和困难的经历，因此如果能够各退一步，给对方一些体谅与善意，或是感谢对方的倾诉与倾听，双方的感觉都会更好。即使你可能十分焦虑或生气，尝试着去体谅对方有助于双方都冷静下来。毕竟，沟通这个问题的初衷是想让事情变得更好。若想表达自己的体谅，你可以说："谢谢你愿意开诚布公地跟我说这个问题，我知道这对我们双方来说都不容易，看得出来有时候你也很难受，我是真心希望你能够快乐，因为我还是在乎你、关心你的，我也知道这个问题一时半会儿很难解决，所以我希望我们之间可以尽可能地多一些和平和信任。"当你表达出这份体谅时，温暖与关怀会随之而来，你们双方都会更有安全感。

明确目标

在双方都充分地表达完自己的意见之后，仔细想想你希望伴侣做出什么改变。例如，你是否希望对方永远不要和其他异性说话？这现实吗？探讨之后对方的行为是否有所改变？想让对方完全按照你的预期做出改变或许有些困难，但改变本身十分重要，即使再小的变化，也会有利于你们关系的发展，并且建立更稳固的信任。

表明态度

大多数沟通的重点似乎都放在分歧点上，但是当你们沟通嫉妒的问题时，可以试着多去关注你们之间发生过的美好片段。想想我们在前一章中讨论过的感情空间；想想你们共同经历的美好回忆。在表明自己的态度之前，可以先回顾一下双方曾经美好的记忆。例如，看到劳拉和她的男同事走得比较近，戴夫十分嫉妒。后来他按照我的建议，先聊了聊劳拉的一些优点：

> 我知道你是个好妈妈，你为孩子们付出了很多，每天监督他们完成作业，为他们排忧解难，看得出来你很爱他们，他们也很爱你。我也知道你的工作有多辛苦，在办公室要处理很多事情，回家还要努力做一个好妈妈。

然后戴夫开始表明自己的态度：

> 我承认有时候我确实过于嫉妒了，我也知道我的质疑和不安会让你感到痛苦，甚至有些时候对你而言很不公平。这是我们两个人共同的问题，我们都希望能够减少双方的争吵。

劳拉也谈论了一些戴夫的优点：

> 我知道你也为孩子付出了很多，也在很努力地工作。我知道你爱孩子们，也知道你爱我。每次我出差的时候，整个家庭的担子都落到了你的肩上，因此我一直都很感激有你在身边。

然后劳拉也明确了自己的态度：

我同意你的说法，嫉妒已经成为我们两个人的
问题，甚至几乎要吞噬我们了。嫉妒令你焦虑、愤
怒，甚至有些迷失自我。我知道这是我们双方共同
造成的问题，也是我们需要一起处理的。说实话，
我知道自己的一些行为可能让你觉得不舒服，例如
在公司聚会上，当泰德把手搭在我的肩上搂着我时，
明明知道你可能会不高兴，但我并没有拒绝。所以
我承认，事情发展到这一步，我也有责任。

如何沟通

如果你是嫉妒的一方，以下6点建议或许能够帮助你更好地表达
自己的感受：

1. 承认你的嫉妒。

2. 明确这对双方都有影响。

3. 表现出同理心。

4. 直接向伴侣询问："如果我感到嫉妒，我应该怎么跟你说，
   才不会让你觉得我是在指责你？"

5. 看看你的伴侣是否可以回答或是安慰你。

6. 承认即使什么都不做，你也会感到嫉妒。

实事求是

有时候，有些人可能是故意让对方感到嫉妒的，这样做的目的有很多种，可能是：

- 测试对方。
- 作为某件事情的惩罚。
- 看到对方和别人玩暧昧，不甘示弱。
- 给自己制造退路，确保分手后自己有"备胎"。
- 提升自信，证明自己仍然有吸引力。
- 证明自己，没有人可以对自己指手画脚。

你愿意为之改变什么

我们总是希望对方能够改变，但如果我们自己先做出一定的改变，事情也许会简单很多。在坐下来沟通之前，仔细想想对方可能会希望你做出什么改变，而这其中有哪些是你认可并且愿意去做的。之后在沟通过程中，你可以验证一下自己的猜测，你真的知道伴侣想让你做什么吗？

听听伴侣一直在抱怨些什么，并试试能否做出改变。例如，如果对方反感你的质问，那么试着改掉这个习惯；如果对方抱怨你的无端指责，那么试着控制自己的言辞。而如果是你的伴侣善妒，那么想想你愿意为对方改变什么。其中最难的，可能是与伴侣坦诚相待，因为你害怕被对方责难，你可能会避而不谈自己的人际交往，以避免这类责难。显然，如果这些秘密交往被对方发现，只会激化双方的矛盾，因此，如果双方想要建立信任，还是需要开诚布公、坦诚相待，即使这可能会带来一时的不快。

尼克私下里有好几次和其他女人一起喝酒，他的妻子卡罗尔看到他手机上的短信后发现了这些事。后来卡罗尔就不再信任尼克了，因为她不知道尼克还有多少事情瞒着她。一开始，尼克还试图证明自己的清白，解释说这些只是普通的聚会，也是为了谈生意（当然不全是），更何况他也需要放松，毕竟他的妻子是个工作狂，很少有时间陪他。

这些解释基本没有任何作用，反而加深了双方的不信任感。我和尼克一起分析了一下这些"暧昧"的利弊，后来他意识到，跟其他女人在一起只能短暂的满足他自尊心，这点与他和卡罗尔之间的感情根本无法相提并论。卡罗尔对工作的过分投入可能确实让他感到不快，但这完全是另一个可以分开独立处理的问题，而他第一步需要考虑的就是重建信任。当他终于意识到重建信任的重要性之后，他决定赞同卡罗尔的一些想法，他对她说：

我能理解你的心情，我保证，以后如果我要出去应酬，无论是喝酒还是吃饭，我都会提前告诉你，这样你就不会觉得我有事瞒着你了。

因为尼克确实有充分的理由和一些男性甚至是女性有生意上的往

来，所以他不确定自己要对卡罗尔坦白到什么程度。他也知道，有时候什么都告诉卡罗尔可能会导致一些争吵，因此他内心还是想避免这些矛盾冲突，想看看有没有其他方式隐瞒部分应酬。但后来他意识到，既想隐瞒，又想建立信任，这是不现实的。我告诉他："我知道有很多人认为他们可以同时处理好各种不同的关系，并将它们独立开来。我也能理解与其他异性调情可能会令你感到兴奋。但根据我多年的工作经验，保持简单的生活才是最舒适的状态。问问自己：'如果这件事让卡罗尔知道了，她会有什么感觉？'如果答案是她会不高兴，那么你就需要考虑到底是否值得这样做了。"

什么是自由？

大多数人都不喜欢被别人指挥，我们认为在尊重别人的同时，自己也应该得到别人的信任和尊重，我们应该有权利做任何自己想做的事情。如果你们尚未确认关系，只是在互相认识、约会、聊天的初步阶段，双方也没有许下任何承诺，这种完全自由的想法或许可行。但你需要明确这段关系的本质是什么：是打算长久发展，还是只是想为所欲为？这是你必须做的一个选择。如果双方已做出承诺，想要长期发展下去，那么你就需要问问自己：为了实现这个承诺，你愿意放弃什么？

每个人对自由的定义都是不同的，自由本身也没有什么硬性规定，因此若想就自由的定义达成一致，或许双方需要坐下来共同讨论，确定对方愿意改变和愿意接受的范围。当然，这并不是指对方必须满足你的每一个要求，而是为彼此做出适当的妥协。我认识一对结婚多年的夫妻，妻子喜欢跳舞，而丈夫对此完全没有兴趣，但他相信她，并不介意她和其他男人跳舞。他们已经在一起很多年了，从来没有因此发生任何的不快、冲突。这点是大多数其他夫妻做不到的，毕竟这个自由的度是需要自己把握的。

换个角度来思考自由：如果你想要的是一段自由而肤浅的感情，那么你所体验到的也仅仅是简单的表面生活；如果你愿意许下长期的承诺并建立起双方的信任，那么你可以体验到的是更深层次的生活、双方的承诺、共同的回忆以及共同的未来。对自由的定义取决于你的目标，即如果你更在意情感的自由，那么你的目标就是拥有浅薄而短暂的关系；如果你的目标是深刻且长期的承诺，那么自由之于你就意味着责任。要想实现信任和承诺，就必然涉及责任，毕竟信任和承诺都不会凭空出现。

有一天，尼克走进我的办公室，坐在沙发上，开始抽泣："我不想失去我的妻子和孩子。真不敢相信我会蠢到这个地步。"他很沮丧，因为他的妻子发现了他与另一个女人的暧昧短信。他意识到自己的婚姻正岌岌可危，为了能够重获劳拉的信任，继续与妻子、孩子回归平静的生活，他不得不重新审视自己想要的自由，例如私下和其他女人喝酒玩暧昧。事实证明，自由是有代价的。

有些人认为自己能够做任何自己想做的事，而且他们的伴侣应该接受这一点。这种想法往往面临着关系的破裂、信任的丧失，并且下一段感情也只会重蹈覆辙。简简单单往往才是幸福生活的真谛。

任何关系都是由各种各样的决定组成的，感情双方都需要根据自己的意愿做出权衡和取舍。所谓"天下没有免费的午餐"，感情也是一样，有付出才能有收获。如果你是善妒的一方，试着罗列引发嫉妒的行为，并对其分类：哪些是你绝对不能接受的，哪些是你勉强能接受的以及哪些是你比较容易接受的。

如果是你的伴侣善妒，你可能需要重新审视一下曾经的承诺。对于难以接受或改变的行为，试着列出你的理由，要时刻将这段感情视为你所珍惜的、需要灵活应对的以及你愿意为之努力的东西。

如何应对伴侣的嫉妒

问题不仅仅局限于嫉妒本身，更在于你们双方如何应对嫉妒。人在受到指责时，反击、捍卫自己，证明自己的无辜甚至是选择逃避都是本能的反应。没有人喜欢被指责、质疑或是不被信任。毕竟，我们都是有血有肉有感情的，没有人能够忍受伴侣不公平甚至是敌意的对待。但对方的感受也是真实的，可能还伴随着痛苦、孤独，因为对方爱你并且害怕失去你。

很多时候谁是谁非并不重要，真正的困难在于不知如何回应自己深爱的人的感受。如果你的伴侣感到嫉妒，你可以试着以理解、认同和尊重来解决这个问题。你的回应或是你们的回应，将决定你们是渐行渐远，还是经过双方不懈的努力，最终变得更加亲密、更加信任和依赖对方。

在甩手放弃之前，试着让对方一起想想办法，或许这就是一个转折点，让你们双方都充分地表达自己的想法，共同解决问题，分享自己的感受。

试想一下：因为害怕失去你，你的伴侣充满了焦虑、愤怒和不安。他可能会把情绪都发泄在你的身上，因为这可能是他目前能想到的唯一的表达方式了。退一步去审视、接受他的挣扎，以下几条建议可供参考。

- 明白他的嫉妒只是暂时的，并且先尝试接受。
- 对他的感受表示关切。
- 表达自己的同情心，让他明白你知道他有多痛苦。
- 概述你所听到的内容，不需要一字一句转述他的话。
- 找出一些突破点，例如你可以理解他为什么不信任你。
- 在解决问题的过程中发挥自己的作用。
- 将问题普通化，让对方明白其他人也有相同的经历与感受。
- 明白一切都会过去的。
- 回想一些你们双方共同拥有的积极美好的情绪和经历。
- 不要试图去改变伴侣的感受，而是去接受它，让他明白自己的处境。
- 即使知道是你惹他生气的，也要让他明白你会一直在他身边。

有些伴侣不愿意改变自己的处事方式，因为他们认为自己根本没有做错任何事情，更谈不上背叛，这是可以理解的。但是在感情关系中，我们需要照顾、尊重以及满足对方的感受与需求，因此我们往往要适当调整自己的处事方式，只有这样，这段感情才能继续维持下去。

坚持不懈

不要以为嫉妒就这样永远消失了，这是不现实的。时刻记着你们的感情空间，里面可能有你们的过去、现在乃至未来的许多记忆、想法、感受和经历。随着感情的不断发展，这个空间也会不断变化，要记得为嫉妒留出空间，以便更好地接受其进出，当然空间里的其他部分也同样重要。

当你们一起做一件事时，试着暂时将嫉妒搁在一旁。有时候我们会把自己禁锢在嫉妒等痛苦的情绪之中，难以解脱。但事实上即使每天都有这种感觉，也不妨碍你们一起做其他事情，你们仍然可以一起计划未来。

戴夫和劳拉一直非常在意戴夫的嫉妒心理，以至于他们错过了许多可以一起做的积极的事情。我认为，双方共同做一些事情对于巩固婚姻关系是十分有意义的。即使内心十分嫉妒，戴夫还是想要维护这段感情，但他想："她都这样伤害我了，我还怎么跟她共处呢？"

　　我的建议是，首先他要认可自己有充分的理由感到嫉妒，但除了嫉妒，他对妻子还有很多其他珍贵的感情，比如爱、欣赏、陪伴等。仅仅因为嫉妒，他并不需要放弃所有与妻子有关的事情。我们不妨反过来，与其表现出敌意和不信任，不如试着表达他对妻子的爱和感情。这对戴夫来说很困难，因为他认为自己有权主导自己的感受，事实确实如此，但他同样也有权改变自己的感受，从而改善双方的关系。因此，后来他和妻子一起做晚餐，一起购物，一起在家吃饭，一起观看他们喜欢的电视节目。随着两人积极的感情不断加强，戴夫的嫉妒心也就逐渐减弱了。

　　即使你曾经受到过伤害，即使你有充分的理由嫉妒，这些都不代表你需要全盘认输。即使情况再糟，你也可以尝试着去改变，去修复，这是一个努力的过程。

　　嫉妒并不一定会终结一段感情。如果双方能够以此为契机，试着去倾听、沟通，支持和接受对方，表达对彼此的关心，你们的感情关系或许会有新的发展，双方会建立起更强大的信任、理解和承诺。嫉妒或许会导致你们分开，但一旦理解并接受嫉妒，它却可以帮助你们抚平痛苦和恐惧，进一步巩固彼此的感情。嫉妒是人类情感的一部分，也是亲密关系的一部分，是重视承诺和信用的体现。如果你们双方可以一起握着嫉妒这支蜡烛，将恐惧转化为关爱，你们的感情纽带只会越来越紧密。当然，这一切并不容易，但只要双方齐心协力，再重的包袱也会变轻，这支蜡烛也会越烧越旺，带给双方温暖与明亮。

第十一章 克服过去，克服嫉妒

肯受邀参加一个聚会，但他感到十分不安，因为他听说莎伦的前男友戴夫也会出席，这让他既担心又生气，他不知道自己该如何处理这件事。他满脑子想的都是莎伦曾和戴夫在一起过，内心充满了嫉妒和愤怒。肯知道他们分手是因为莎伦觉得戴夫控制欲太强，又很大男子主义，莎伦也明确告诉过他，她不可能再回到戴夫的身边。但这对肯来说还不够。

"如果我看到他，我会很想揍他。"他知道自己的想法很偏激，而且莎伦和戴夫分手也已经六个月了，但现在这种嫉妒感对他来说太激烈了。

几乎每个人都有自己的过去，都有爱过或是依恋过的人。我们不再生活在过去世俗的世界里，因此你并不能指望所有人都是善男信女。很多人都会受到前任的困扰，一旦想到自己现在的伴侣曾经和前任是那么亲密无间，那么相爱，就会感到不安。

一旦有了这种想法，你很可能会将自己与那些你从未见过面的人进行比较。你会想："我想知道他们的感情生活有多契合""他可能还是更爱她""他肯定还想着她，并且拿我和她比较"。在这个对比的过程中，你可能认为你的伴侣仍然爱着前任，想和前任复合。

在本章中，我们将具体分析纠结于伴侣过去的感情经历是如何困扰你并影响你当下的生活的。我们将通过若干个例子，看看它是如何将完美主义和纯洁幻想联系在一起的，以及探讨如何摆脱过去，享受当下。你不必成为对方生命中的唯一，只要当下你们属于彼此即可。看看下面的几种情况是否符合你的想法：

- 我总觉得我现在的伴侣有个深爱过的前任。
- 每次想到对方的前任，我都会焦虑不安。
- 我会想知道他是更喜欢和我在一起，还是更喜欢和前任在一起。
- 我想成为对方唯一爱的人。

如果上述任何一个描述符合你的想法，那么你可能是陷入了追溯性的嫉妒之中，即因纠结于过去而感到嫉妒。即使目前双方感情进展顺利，你还是忍不住去细究对方过去的感情经历，并将自己与之对比，继而内心感到焦虑和愤怒。在这一章中，我们将详细探讨这种焦虑和愤怒如何影响嫉妒心理，然后总结出一些方法帮助你摆脱过去。毕竟，要想活在当下，享受当下的生活，就要将过去抛之脑后。

"我想成为他的唯一"

通常情况下，大家都倾向于相信伴侣只爱自己一个人。浪漫的理想主义者往往认为，对于伴侣而言，我们就是独特的、不可取代的；在这段感情中，我们的伴侣不应该对其他人感兴趣。而在追溯性嫉妒中，我们甚至认为在遇到我们之前，对方都不应当对任何人感兴趣过。这是典型的浪漫完美主义，在这种情况下，我们坚信目前彼此的感情是独一无二的，对方不应该有任何过去，我们痴迷于纯洁，继而全盘否定对方过去的一切。但实际上，这种想法只会带来悲剧，通过回答下列问题，我们一起来看看其中的逻辑。

- 为什么你的伴侣过去不能享受和其他人的感情生活？
- 你觉得只有你才配得上他吗？
- 你是否认为只有自己才能吸引他，为什么呢？
- 凭什么你是世界上唯一一个能吸引对方的人呢？
- 你的伴侣是唯一一个吸引你的人吗？你只有这一段恋爱经历吗？
- 这是否意味着你也不可信？这符合现实吗？
- 归根究底，你也曾享受与他人的感情生活，这样说来，你的伴侣是否也应该有危机感呢？

这就像是你认为全世界这么多人，你的伴侣只想要你一个人。想象一下，如果真的是这样，在全球 60 亿人中，你的伴侣只看到了你，仿佛他生活了二三十年了，从没对任何人感兴趣过，直到你出现，一切都变了？

这就是我所说的欲望完美主义，也就是说你的伴侣应该只对你有欲望。想到伴侣过去的感情经历或是对方现在可能存有的幻想时，常常会激起我们的欲望完美主义。这种想法主要来自于对纯洁的幻想，认为真爱是至真至纯的。这很显然是一种不切实际的幻想，我们毕竟生活在 21 世纪，过去那种针对女性贞操的宗教和文化束缚明显已经不符合时代的发展，早已被淘汰了。

重新审视

我们再来仔细梳理一下其中的逻辑。假设你和你未来的伴侣都是 30 岁，初次见面时对方告诉你："我已经 30 岁了，在过去的 30 年中我从来没有对哪个人感兴趣过。我也谈过几场恋爱，但没有一个是我真正喜欢的。但是你的出现突然让我眼前一亮，我想我是对你一见钟情了！"

面对这种情况，你会怎么想？首先，你可能会认为这个人在说谎，或者认为这么多年都没有找到合适的对象，这个人肯定有什么不可告人的问题。你可能会猜想：他是不是有严重的抑郁症？还是性取向不明？或者是健康状况有问题？如果有以上任意一种可能性，那么你会如何看待你们的未来？这种至真至纯符合你的预期吗？这可能看起来不切实际，但是否符合你的想法，符合你对纯洁的幻想和欲望完美主义的追求呢？

回顾一下自己的经历。在遇到你现在的伴侣之前，你有没有其他的恋爱经历，并享受其中呢？你应该对此感到内疚吗？或许这对你而言只是一段健康、正常的感情经历。那么你现在的伴侣应该怀疑你吗？

回想过去种种快乐的经历，不也是件很有趣的事情吗？问问你自己，这是否意味着你无法爱上现在的伴侣，或是给予其承诺？难道过去快乐的经历就意味着你现在无法控制自己吗？你会回到前任的身边，并且与他们共度余生吗？很显然不会，因此过去之于你只是过去而已。

────────

> 肯自己就有很多前任，但他却不敢面对莎伦的前任。当我问他，那莎伦是不是也应该担心一下他的前任呢？肯立马反击："她有什么可担心的，我爱的人是她！过去的那些早就过去了。"之后我反问他，那莎伦是否也可以给出一样的答案呢？她的过去也早就结束了。肯迟疑了一会儿，不情愿地说："我想你说得对，她的担忧可能并不比我少。"

────────

归根结底，一段感情的结束，通常是因为一方或是双方认为没有再继续下去的价值了，而这往往也意味着新感情的开始。

追溯性嫉妒的隐藏规则

对伴侣过去的感情有些许嫉妒是很常见的情况，但有些人却会深陷其中，备感困扰。仔细研究了这种追溯性嫉妒背后的思想后，我们发现是其中一些隐藏的规则放大了嫉妒。换句话说，并不是伴侣过去的经历令人不安，而是你内心限定的一些规则令你不安。例如：

- 我应该是他唯一爱的人。
- 如果他很享受以前的感情生活，那么他很可能会回到前任身边。
- 如果他很享受和别人的相处，那么他肯定会离开我，投向别人的怀抱。
- 如果我的伴侣跟前任有美好的回忆，那么我们的感情就危险了。

假设你内心信奉以上一条甚至是多条规则，会发生什么呢？对于明明不可能发生的事情，你会感到沮丧、挫败，会一直担心对方会离开你，回到前任或者其他人身边。因为你感受到对方过去的经历对你的威胁，你会不断去测试自己的伴侣，质疑他，试图限制他的行为。而过去是真实存在的，是你无法抹灭的，纠结过去等于让自己陷入了永远无法改变的事实漩涡之中。

进化视角

我们可以从进化的角度来审视过去的欲望和感情经历。对其他人产生欲望是一种适应性的变化，正因为这种变化，我们的祖先才能够繁衍后代。如果每个人欲望的目标仅限于一个人，而其理想对象又从未出现过，那么就难以因情感而结合，也就难以繁衍后代。因此，在进化论的大背景下，认为你是对方唯一渴望或理想的人，这种想法是比较荒谬的。

你可能认为，伴侣过去或是现在的欲望肯定会引导他采取一定的行动。例如肯问我："如果莎伦对戴夫还有感觉，那我要怎么做才能防止她再回到他身边，或是抛弃我跟别人在一起呢？"不难看出，肯认为莎伦的欲望、记忆甚至是对生活的幻想都是危险的。他认为她肯定会被欲望所牵引，完全无法控制自己。这就像我们之前描述的将思想与行动混为一谈："只要莎伦有欲望，她就会采取行动。"我们不妨让肯自己试试。

　　我：你大概多久会碰到一位让你产生好感的女性？

　　肯：每天吧（笑）。

　　我：那你跟莎伦在一起后，产生过多少次出轨的念头？

　　肯：从来没有。

　　我：那这是不是说明有想法和采取行动之间没有必然联系呢？

　　肯：是的。

　　我：那既然你对其他女人心动过，为什么不试试呢？

　　肯：有些女人确实很有魅力，我甚至幻想过得到她们，但是我真的很爱莎伦，如果我跨出那一步，我和莎伦之间就完了，我不想因为她们把自己的生活搞砸，这不值得。

　　我：你有没有想过，或许莎伦也是这样想的？或许她确实怀念过和戴夫过去的种种美好回忆，但她也并不想破坏现在的生活，也觉得不值得。有没有发现有想法和付诸行动有着本质的区别？这不就是你每天都在做的吗？

内森是一个婚姻很幸福的男人。但他最近也开始担心自己的婚姻，并且担心他自己，因为他发现自己很容易被周围的年轻女性所吸引。正值春末夏初，天气慢慢变热了，因此很多女人的穿着也都变得比较暴露。他觉得这很性感，但也开始担心："我竟然觉得这些女人很性感，我的婚姻肯定要出现问题了。"我问他担心会发生什么。

内森：我怕自己会失控，会和她们其中一个搞婚外情。

我：那你为什么不设想一下呢？一步步慢慢来：你看见一个很有魅力的女人，你上前搭讪，你发现自己爱上她了，之后你们开始偷偷见面，你瞒着你的妻子，准备了两部手机，一部用来工作，另一部用来跟你的秘密情人传情，你们偷偷在宾馆见面，就这样持续数月……

内森：我根本不会这样做！

我：为什么不呢？你不是告诉我你对其他女人动心了吗？

内森：（情绪更加激动）我不想让我的生活变得这么复杂，我是永远都不会伤害我的妻子和孩子的。

从我和内森的对话中可以看出，即使有时候内心有幻想或是冲动，我们还是会做出相反的选择，因为对我们而言有更重要的东西——在这个案例中，就是婚姻。

建立切合实际的规则

上文我们解读了一些不太合理的规则，那么不妨试试能否将其改写为更现实、更有用的规则，以预防其破坏我们当前的关系。下面有一些建议：

- 我不一定是伴侣唯一想要的人。
- 即使我的伴侣和其他人发生了关系，也并不能说明他会留在那个人身边。
- 如果我的伴侣曾与其他人的感情生活很契合，那么跟我也一样可以。
- 即使伴侣还记着过去，记着和前任的美好回忆，这并不会对我们现在的关系造成任何威胁。追忆过去美好的记忆是人之常情，这就是回忆的本质。

"如果他曾那么爱她，又怎么可能再爱我？"

接下来我们来看看一些非黑即白的想法。例如："如果我的伴侣过去甚至是现在对别人有感觉，那就说明他已经对我不感兴趣了。"这是欲望完美主义的一种形式，即认定人只能有一种欲望，有了一种欲望，就不能再有其他的欲望了。

我们通常会拿食物来对比分析这种情况。比方说，你真的很喜欢龙虾红酱意大利面，没有什么理由，就是喜欢这道菜。但餐厅卖掉了最后一只龙虾，因此服务员告诉你，他们餐厅里的茄子干酪也很好吃，还给你推荐了其他30余种菜色。你会说"除了红酱龙虾之外，其他的算什么"，然后转身走出餐厅吗？

同样，你的伴侣或许以前确实爱过其他人，但是现在这一切都结束了。或许他们是因为无法继续忍受对方而分开的，但也不排除他们曾经有过美好的回忆，而你的伴侣只是选择性地记住了美好的时光。

但这是否就意味着他不可能再爱上另一个人了呢？欲望和幻想不是两者取其一的关系，它们并不会相互抵消。你会发现自己可能对另一个人有所幻想，但也喜欢和现在的伴侣在一起，这两者并不冲突。

"或许她比我更适合你。"

或许有些人会担心伴侣的前任比自己更优秀、更善解人意。如果真的是这样，应该怎么办呢？这也是肯的担忧之一。

肯：我不知道莎伦和戴夫的过去是怎么样的，但是我有时候会担心，万一她觉得戴夫比我更适合她怎么办。

我：如果真的如你所想，应该怎么办？这是否意味着莎伦对你完全不满？为了获得她的认可，你们的每段记忆都必须是完美的吗？

肯：（沉思了一会儿）我和莎伦的感情总体看起来还是很好的，但有时候她会觉得太累或提不起兴趣。这种情况下，我就会担心她是不是对我失去兴趣了，然后就开始拿我们的感情和她和戴夫的对比。

真正困扰肯的其实是感情完美主义，即只有完美的体验才能令人满意。正因为有这样的想法，他总是假设如果莎伦和前任的感情很完美，他们的感情必须更完美才能让莎伦满意。

我们来看一个简单的例子。想象一下，五年前你去了一家餐厅吃了一顿完美的晚餐，你觉得这是你一生中最美味的一餐。这是否意味着在此之后你再也不可能吃过满意的一餐？准确地说，从那以后你吃了很多餐美食，并且将来会更多，或许那些都会令你感到愉快和满足。

"最好"并不意味着与其他"所有"对立。

假设你一生中只有一次令你满意的恋爱体验。想象一下你最享受的一次恋爱关系发生在五年前，根据完美主义的逻辑，从今以后任何一次体验都不会再让你觉得满意了，甚至还可能让你感到痛苦。这种假设发生的可能性大吗？能让你满意或是喜爱的东西就不能处于一个范围内吗？只能是唯一一个吗？

"我无法摆脱这种想法。"

对于许多有追溯性嫉妒的人来说，他们似乎都将自己困在了自己的想象中。他们想象伴侣过去的感情经历有多么刺激，多么有意义，继而得出结论——这肯定会干扰到他们目前的感情。看看下列陈述是否符合你的想法：

- 我常常会想，遇到我之前，我的伴侣和其他人的相处也一定很和谐。
- 我无法摆脱这些想法。
- 一想到他曾和别人有这样美好的经历，我就很痛苦。
- 我总觉得他还在怀念过去。
- 如果我的伴侣真的还在怀念过去，那我们之间肯定有问题，甚至说感情快要完了。

也许上述陈述中有一条或全部都符合你的想法。你发现自己完全无法摆脱这些想法，大脑中不断描绘着伴侣和前任过去的种种画面。

你可能会认为，正是因为你有这些想法，才会发生这些不好的事情。从某种意义上来说，你们目前的关系深受过去的影响，因为你的伴侣曾经有过这些最好的经历，所以你就变成了次好，就像一个安慰奖，而你无法接受这一点，你无法容忍这些想法。你必须摆脱这些想法，否则你根本无法面对现在的感情。你想将这些想法从你的脑海中赶出去，但它们一直困扰着你，在你脑海中不停唠叨，无论你走到哪里，它们都跟着你。

如果试着接受这些想法和想象呢？也许这只是纯粹的好奇心，你可以试着将它们看作是你们彼此回忆的一部分：就像你会有这些想法，你的伴侣可能也正在脑海中描绘着你的过去呢？尝试着将这一点视为你们关系的一部分。一旦你接受了这些想法，你就可以将这种想法抽离，指着它们说：

啊，原来这里还有一个关于伴侣过去的想法。我才注意到，大脑将这个想法送到了我的眼前，大脑信息的处理真是有趣。我可以接受这些想法，这些想法很正常，几乎每个人都有，我能看到它们，并且它们只是个想法而已。我可以将我的注意力带回当下。我可以感受到自己的呼吸，就像呼吸一样，将"他有前任"这种想法吸进来，然后再将其呼出。这些都是实时的想法，是在大脑中运转的事情。我不必摆脱它们，我可以接受它们。

多尝试练习正念分离：退后一步观察，试着慢慢接受，而不是试图去控制和评价这些想法。这样做之后，你会发现这些想法变得更自由了，它们只是在脑海中来回游荡，却不会给你造成任何困扰；你会发现，没有必要去摆脱它们，也不必花太多时间去思考它们。这只是一些想法罢了，并不会影响你的生活。

时刻提醒自己享受当下，给予你温暖、爱与陪伴的是你现在的枕边人，即使过去再美好，也终究只是回忆。

活在当下

如果试着从根本上接受过去呢？万一你的伴侣曾对其他人心动，和其他人在一起过确实是一个事实呢？事实上，当我们从根本上接受了某些东西时，我们便不再去主观判断，也不再尝试控制它了，我们只是将它作为一个事实来看待。现在是现在，而过去只是过去。我们应该活在当下。

"如果放下过去，我现在能和伴侣一起做些什么？"能提出这个问题，就说明你确实可以接受对方的过去了。其实，你们可以共同经营一段非常亲密、非常有意义的感情。双方在一起的每个时刻都是独特的，这既是属于你的时刻，也是属于他的时刻。这或许并不是你生命中唯一特别的时刻，但它是当下独一无二的，也正是一切开始的源头。下面几条建议或许有助于你了解如何活在当下。

关注现在

环顾四周，就在这一刻，你的身边都有些什么？将注意力集中到一件事情或者一个物体上，然后试着自己描述一下这样东西。我看到了一幅抽象画，上面有几个灰色的形状、一些米色的线条以及底部的一片阴影区域。这是一幅描绘窗口光线反射的画作。这就是我现在所处的时刻。一旦你放下过去，将注意力转移到现在就非常简单了。

放下过去

假设你已经为伴侣的过去纠结过一段时间了，而现在你想要忘记他的过去，努力活在当下，那些过去的想法却一直困扰着你，不断在你脑海中重现，你完全无法控制自己。

尝试着想象，现在所有有关过去的想法都被装在一个大气球里面，气球飘在空中，而你正握着气球的绳子。承载着过去所有的嫉妒，气球不断向上，也慢慢将你带离了地面。但是你不想被带走。

一旦发现自己快要离开地面了，请放开手里的绳子。任由这个充满嫉妒的气球飞向空中，你只需要站在地上，看着它离你越来越远，这一刻，你会感到自由。气球飞走了，过去的都过去了，留下的是坚定地站在这里的你。只有放手，才能继续。

放开气球的绳子吧。

你和伴侣为过去争吵过几次？你们不断提起相遇前对方过去的种

种行为，仿佛想要引起彼此的内疚，包括过去的行为、伤害和怀疑。然后你们不断为这些事情争论，揣测其背后的意义，却没有意识到你们错过了当下。就像你去了自己最喜欢的餐厅，找了一张桌子坐下，之后花了一个小时抱怨两年前一次不愉快的就餐经历，却忘记了点餐。然后，你离开了这家餐厅，还在奇怪为什么自己还饿着。

你们交往之前发生的事情，与你们接下来如何对待彼此没有任何关联。没有人会说："我们的感情很好，是因为我们花了大量的时间来谈论双方的过去。"良好的感情关系是基于双方的信任与包容，基于当下。

过去始终存在，但只有现在你们才能感受到彼此的爱，只有活在当下才能真正享受生活，因为时间永不停歇。

第十二章　学会释怀

　　有时候嫉妒是完全合理的，这是在伴侣违反信任时正常的回应。在本章中，我们会列举几种情况，检验你的伴侣是否确实对你不忠，从而你可以进一步考虑你们的关系以及你的下一步行动。

　　要记住，无论你的伴侣是否不忠，你的生活还在继续。被嫉妒控制，大吵大闹，感到羞辱或是绝望都不是明智之举，对你没有任何好处。即便对方真的背叛了你，你也要知道应该如何更好地应对。如果你们双方愿意共同面对，或许这段关系还有挽回的余地。选择权在你的手里，记住，你是有选择的。下面我们来看一个女方嫉妒的例子。

　　爱丽丝怀疑丈夫布莱恩和他的同事琳达有奸

情。她觉得他们的关系不仅仅是同事这么简单。当我见到布莱恩时，他告诉我，那根本就是爱丽丝的胡思乱想，他一直把琳达当作朋友，而且琳达早就调到其他地方工作了。但是在逐渐信任我之后，布莱恩承认他曾和琳达暧昧过一段时间。他告诉我，他和爱丽丝的感情早就有问题了，他们之间几乎没有什么共同话题了。尤其是孩子们长大离开家以后，他们的交流就更少了，关系也越来越疏远，所以他只能从琳达那里寻求慰藉。爱丽丝还是和往常一样，直到她在布莱恩手机上发现了一条短信，布莱恩才承认自己出轨了。爱丽丝完全崩溃了，她无法想象要怎么继续过下去。

尽管爱丽丝很痛苦，但他们的婚姻似乎并没有结束。在双方的心理治疗中，我们一起制定了一些基本准则，双方都必须严格遵守。第一，他们达成了一致，布莱恩不准再和琳达见面，也不准有联系，不管是短信、电话还是公司会议；第二，布莱恩必须告诉琳达，他们之间结束了，他必须维护他的婚姻；第三，夫妻双方都必须确定他们未来想要什么样的关系，包括如何沟通、如何参与对方的生活以及如何互相尊重；第四，他们必须制订详细的计划，说明他们将如何共同解决问题——不再互相指责，不再逃避，不再背弃彼此。

在本章中，我们将探讨如果伴侣确实有不忠行为，而嫉妒也达到了最激烈的时刻，会遇到哪些情况。一旦信任被摧毁，就会引发我们

对自己、他人乃至未来关系的一系列猜想。本章就是要重点研究这些
想法，并且寻找其应对方法。

任何问题都有两面性，同样，这场危机也可能是一个转折点，因
此我们会同时探讨如何放下这段感情（如果这是你想要的），以及如
何巩固双方的关系。你会发现，信任一旦被摧毁，就很难再修复了，
但也并非毫无可能。对于重新修复信任，或许你的心情会很复杂，但
即使内心还是无法信任对方，也并不妨碍你们努力尝试。我们来看看
当信任被摧毁后有哪几种情况。

危机也是转机

据统计，出轨行为的败露是导致离婚的主要原因之一。重新获得
信任确实是困难的，有时似乎是不可能的。对于大多数夫妇而言，外
遇是压垮骆驼的最后一根稻草。但外遇也不是凭空出现的，往往在出
轨前，双方就已经无法进行有效的沟通，能共同参与的活动越来越少，
感情逐渐恶化，并且双方在一起的价值也逐渐减弱。这并不是在为出
轨正名或是责怪被背叛的一方。承诺本身很重要，而履行承诺也同样
十分重要。但人无完人，即使再好的人也可能会犯错误或误入歧途，
口口声声说爱我们的人有时也会让我们受伤。

外遇被发现之后，有些夫妻离婚了，但也有些夫妻的感情反而变
得更深了。每一种情况、结局都因人而异，发生了什么、意味着什么
以及双方愿意做些什么，都由你们自己决定。

出轨的败露也可以是一个转机。这是你们分开的根本原因吗？这难道意味着这么多年的感情必须结束？或许这只是一种选择，这一切也并不是不可避免的。在经历了所有的失望和背叛之后，若双方都意识到彼此的感情处于危机之中，却又不甘心就此分手，最终就会努力重新修复这段关系。

出轨可能是两段感情的一个分水岭：出轨前的关系和出轨后重建的关系。你可能并不愿意回忆出轨前的关系，但这也许是一个建立新感情的机会。如果之前的关系导致了婚外情，不要一味地责怪自己或是别人，你应该考虑的是你们之间有什么问题，只有知道问题出在哪里，才能商量如何去修复。

明确承诺

有时候，双方对承诺的定义、标准都有所不同。

温迪和拉里在一起好几个月了。温迪以为他们双方对彼此忠诚的看法应是一致的，虽然他们从未明确地谈论过这个问题。因此，当她发现他还有其他女人时，她感到十分愤怒，觉得自己遭到了背叛。她的感受是完全可以理解的，因为发生关系往往等同于某种承诺，但这并不适用于所有人。

第一个需要明确的问题就是双方对这段感情的态度。有些人会将性伴侣视为"互利的朋友"，即双方在性生活上各取所需，不涉及忠

诚或是承诺。如果双方就此达成了一致，那么接下来要做的就是诚实地面对自己，确认自己是否真的可以划分得这么清楚。尽管有些人表面认同"开放式关系"——双方均可以同时与其他人交往，但这种关系一般很难长久维持。大量的案例证明，大部分人内心还是向往一夫一妻制，渴望更多的承诺。因此，诚实地对待自己的感受，如果你感到嫉妒，说明你可能并没有你想象的那么坚强。

谈论承诺时，试着倾听对方的声音。如果你现在的伴侣尚未做好承诺的准备，请放慢脚步，不要因为自己准备好了，就将这个想法强加给对方，更不要直接将性亲密与承诺等同起来。

双方打开天窗说亮话。明确彼此承诺的含义，承诺是否意味着不再和其他人约会，不再和其他人发生性关系？是否意味着你们需要经常见面？当你提出这些有关承诺的问题时，有些人可能会感到害怕，他们会说："不要给我这么大的压力。"如果这是对方的回答，那么你就要明白，这并不是真正的承诺，不代表对方会对你忠诚。那么你也可以相应地做出你的选择：是否要继续这段单方面的感情。不要将没有明确承诺的事情视为理所应当。

不要为了获得承诺，强行让你的伴侣感到内疚或是威胁对方，因为在你的压迫之下，你们只能达成暂时的一致，而对方可能根本不打算兑现承诺。或许对方只是需要更多的时间，所以你需要明确的是自己是否愿意等下去。你可以说："我想，我们要的东西不一样。"如果你认为继续这段感情只会让自己更加失望，留下或是离开，都取决于你。

应对不忠

假设双方确实对忠诚等承诺看法一致。如果你们在一起已经有一段时间了，却始终没有给出长期的承诺，你需要确定的是对方是否愿意共同努力，建立彼此间的信任。确定这点的一种方法，就是观察对方出轨暴露后的反应。

- 他是否会责怪你？"你对性生活总是兴致不高，也不喜欢跟我待在一起。"
- 他是否对其他关系轻描淡写？"她对我没有任何意义，那只是一个普通的晚上。"
- 他是否称你为神经质或极度缺乏安全感？"你只是嫉妒，没有安全感，克服了就好了。"
- 他是否认为自己有权做任何想做的事情？"我做什么或者和谁见面都不关你的事。"
- 他是否称自己喝醉了，或压力过大，以此来为自己辩解？"这不能说明任何问题，那晚我喝醉了"或"我最近压力真的很大"。
- 他是否对这个话题避而不谈？"我不想讨论这个，这只会让我们吵架。"

上述这些回应只会增加双方的不信任和距离感，因为当我们受到伤害时，我们最不希望的就是自己因为别人的过错而受到指责与羞辱。

我们具体来看一个案例。德里克几年前来找我，他向我抱怨他的妻子总是不停地唠叨他在外面有女人。他对我说："我都告诉她什么都没有了，我只是喝醉了，但她就是过不去这道坎。"他问我他该怎么做，才能让他妻子跨过这道坎。我告诉德里克，否认他妻子的感受，并声称自己只是喝醉了，只会让她感觉更难受，当然也不可能建立信任。他的行为毫无帮助，甚至很自私。下面是我们的一些对话。

我：为什么不直接承认你就是个混蛋，她生气是对的，你只希望她消气之后能够原谅你，再给你一次机会？你还可以说，你知道自己不配得到原谅，一切都看她的选择了。

德里克：（大笑）或许你是对的，我可能真的需要这样做。

我：如果你的妻子背着你跟其他男人来往，你会有什么感觉？如果她拿喝醉了当借口，你又会有什么感觉？

德里克：我可能会气死吧，根本无法想象怎么原谅她。

我：这就是你纠结的地方了。我知道你不想破坏你们的感情，而且你确实还爱着她，但是你为自己找借口或是单方面让她改变态度，并不能起到调解的作用。你不能表现得好像自己本来就应该得到原谅，这纯粹取决于她的选择。

下面列举了一些更有实际帮助的回应方式：

○ 承认自己做错了。

○ 真诚地道歉。

○ 告诉对方：你值得更好的。

○ 对自己所做的事表示内疚或羞愧。

○ 愿意谈论对方的感受。

- 承诺彼此信任。

- 表达修复关系的意愿。

不忠对你意味着什么?

遭受背叛时,怀疑自己或是怀疑双方未来的关系都是很正常的。

阅读下列陈述,看看其是否适用于你的情况。稍后我们会逐条进行分析。

- 我的伴侣爱上别人了,因为我不再有吸引力。

- 对方的新欢肯定有我没有的东西。

- 我看起来就像个傻瓜,大家肯定会觉得我很失败。

- 我永远都无法克服这一点。

- 这说明我们的关系根本就是浪费时间,或者就是个笑话。

- 我再也不能相信我的伴侣。

- 我再也无法相信任何人了。

"因为我不再有吸引力,所以我的伴侣爱上了别人。"

出轨的原因有很多种,但是这一条却很少见。大多数出轨是因为:

- 双方关系紧张,经常争吵。

- 追求新鲜事物与打破禁忌的快感。

- 认为自己可以处理好感情问题。

- 无聊。

- 追求多样性。

- 认为感情可以兼顾。

- 满足虚荣心。

◎ 不知道会有什么后果。

例如，有一位先生，他很爱自己的妻子和孩子，但每天下午在办公室里他会觉得很无聊，因此他会去一家按摩院进行一些"简单放松的活动"来摆脱无聊，他认为这能够让他放松自我。但当他的妻子发现后，他们双方发生了很大的冲突，婚姻也岌岌可危。我们帮助他寻找更好的方式来消除无聊，并让他意识到潜在的风险。

在另一个案例中，先生出轨是因为他认为自己有权做任何他想做的事情，与他妻子是否有吸引力完全无关。从某种意义上说，这是被动侵犯模式的一部分，也是一种错误的认知——他永远不会被发现。最后，他的女友打电话给他妻子，一切都暴露在光天化日之下，令他惊讶不已。

"他的新欢肯定有我没有的东西。"

什么是别人有而你没有的？或许伴侣出轨只是因为追求新鲜感，追求多样化或是享受打破禁忌的兴奋感。或许对方觉得跟第三者在一起更为放松，需要担负的责任更少，因此沟通更容易。一位有过多年外遇经验的先生说："我永远不会为了她离开我的妻子，她并不是最重要的。"

有些人可能确实会因为外遇而离开自己的配偶，但却很少有人会与外遇开始新的婚姻生活。外遇带来的似乎更多是兴奋、新奇感和备胎心理。正如一位男士所说："反正我身边有其他人，我就不必非常依赖我的妻子。"当然，当他的女朋友联系他的妻子时，他改变了主意。

"我看起来就像个傻瓜，大家肯定会觉得我很失败。"

现在，请花一分钟的时间仔细思考一下：如果有人欺骗了你或是背叛了你，你会认为自己像个傻瓜吗？根据我多年的经验，别人更有可能去评价那个背叛你的人，实在要说对你有什么看法的话，应该也是同情你，甚至为你辩护。真正打破信任的人是对方而不是你。如果有人真的因为你受到伴侣的欺骗而对你有所偏见，那么是时候看看这些是不是真正的朋友了。试着问问自己：如果有人上当受骗了，你会严厉地批判他吗？对于遭受背叛的人，你有什么感受？你会对他们生气还是会同情他们？你会安慰他们还是会批评他们？

"我永远都无法克服这一点。"

发现对方出轨可能会让你感到非常生气、沮丧、困惑甚至是绝望。这些都是非常强烈的感受，很可能影响你对未来的判断。但是，几乎所有的情绪都一样，随着时间的流逝，这些情绪最终都会归于平静。但我们常常根据目前的感受来预测未来的情绪。

回想一下过去负面情绪爆炸的时候，可能是经历了极度的失落，比如亲人的死亡，丢了工作或者被朋友、恋人背叛。回到现在，你可能会发现，从过去到现在，这些强烈的情绪正在慢慢消失，有些记忆甚至变得模糊不清了。同时，你可能会想起这期间发生的一些非常愉快的经历。虽然你以为自己永远无法克服这一点，并且认为这么痛苦的经历必须铭记于心，但我们往往比想象的更加强大，更容易适应新的环境。

"我再也不能相信我的伴侣。"

同样，这也是一个很正常的反应，任何人在经历了背叛之后都可能会有这样的感受。但如果从更长远的角度，或者站在更大的背景下看待这种行为，或许会有不同的结果。例如，一位男士告诉我，在他和妻子感情特别不顺的时候，他的妻子与另一个男人走得很近。然而，在这段时间里，他们一起照顾孩子，继续过着日常的生活，妻子的背叛对他来说也变得不那么重要了。举这个例子并不是说面对背叛，你应该无动于衷或者只是单纯地反击，我的建议是你可以纵观整个局面——你的过去、现在和未来，再做决定。

出轨被发现后想要重建信任并不容易，不是简单许下一个承诺、道歉或者改变自己就能实现的。双方的心情往往也是十分复杂的，被背叛者或许害怕再次受到伤害，或者背叛者不愿改变自己和受到控制。我建议你们可以制订一个详细的计划，再去贯彻实施。

"这说明继续我们的关系根本就是浪费时间，或者就是个笑话。"

人们在极度气愤或焦虑时，往往会出现这种非黑即白的想法，要么就全盘肯定，要么就全盘否定。这种想法可能会让你感到沮丧和羞辱，因为它会让你以为过去所有美好的事情只是一场不真实的梦，而现在，梦醒了。但这并不合理和现实，或许现在读到这句话时，你的脑海中就已经涌现出许许多多过去美好而积极的经历了。你可能会反驳："但是现在想到这些美好的过往只会让我感觉更糟糕。"没错，你说的确实有道理。然而如果你想要说服自己，这段感情毫无意义，你不会失去任何东西，在这个说服的过程中你还是需要去回忆过往美好的经历，以此来证明自己的决定是否正确。因此，真正需要去思考的是这些美好的经历是否会在未来重现。这种想法才能够帮助你看得更长远，甚至在经历过背叛与伤害之后，双方依旧能够继续走下去。

"我再也无法相信任何人了。"

一位女士发现她丈夫与其同事有染时，她觉得自己受到了羞辱，濒临崩溃。她告诉我："我再也不能相信任何人了。"但当她解决完离婚和监护权等一系列问题后，她意识到即使只剩下自己一个人，生活还是要继续，还有很多事情要处理。她还发现，自己还是愿意重新开始一段新的感情。

经历背叛后，这位女士的第一反应——再也不能相信任何人，是一种典型的自我保护机制。她试图保护自己，以免未来再次受到背叛的伤害。然而，当她从过去的经历中吸取教训后，依然渴望他人的陪伴，想要与人分享她的生活，这种想法远比害怕受到伤害更为强烈。我对她说："如果你从此不再和别人交往，你肯定会受伤。但如果你重新和别人交往，你只是可能会受伤。人生不可能永远一帆风顺，所有问题的关键在于：值得吗？"

三年后，这位女士回来看望我。她告诉我，她已经完全摆脱之前的那段婚姻了，在过去的几年里，她有了新的伴侣，一个更为体贴合适的伴侣。她提到，前夫的背叛乃至后来的离婚，其实为她的人生打开了一扇门，指引她追求更美好的爱情以及更好的个人成长。她又恢复了对一切的信任，因为现在的伴侣给了她很强的安全感，他们拥有许多相同的兴趣爱好，价值观也十分相似。举这个案例是希望告诉大家，不会再相信或不会再爱了，这可能只是你对背叛的第一反应，而现在的这一想法并不代表未来的想法，没有人能够预知未来，只有亲身体验过了才能知道。

试着改变

出轨败露后，双方可能第一时间会想要重建信任，但信任并不是一蹴而就的。简单地依靠承认错误、许下承诺和向对方道歉是远远不够的。信任就像健身，我们需要花费大量的时间与精力去锻炼，而且无法保证付出就一定能够得到回报。并且，单靠一个人是不可能的，这必须是双方共同努力才有可能实现的。

我们一起来思考一个问题：重建信任有什么好处，又有什么坏处？或许你可能觉得这个问题没有必要，但不妨试着和你的伴侣讨论一下这其中的利弊。

利：

- ◎ 双方不会那么焦虑。
- ◎ 拉近彼此的距离。
- ◎ 可以毫无顾忌地规划双方的未来。

能够重获信任固然很好，但也不要过于天真，对背叛掉以轻心。这一点非常重要，因为信任的重建需要时间，在这段时间内，我们需要持观望态度，而这个等待的过程可能会很痛苦。

弊：

你可能会想：如果被背叛过一次，还去相信对方，那自己就是个傻子。这个反应完全合理。如果你是遭受背叛的一方，你肯定不希望自己再次受到伤害。但与此同时，你可能还是想要继续甚至是改善你们之间的关系。

如果你是出轨的一方，那么你需要考虑的是你愿意做出什么样的妥协和改变来重获对方的信任。你不能简单地对你的伴侣说："我很抱歉我所做的一切伤害了你，但是请你再相信我一次。"你可能觉得自己很真诚，但这不足以令人信服，你需要用切实的行动说话，例如做出一些你可能并不喜欢的改变。因此，为了重新获得信任，你既需要用行动去证明自己，也要诚实地对待自己内心复杂的感受。

有人说："如果我都不能信任对方，我该如何对待这段感情？"会有这样的想法是人之常情，但是这两者并不相互排斥。即使还做不到完全信任对方，你们依然可以尝试着沟通，共同解决问题，规划美好的未来。你完全可以带着现在的不信任感，去创造属于你们美好、积极的记忆，并在这个过程中逐渐信任对方。

制定基本规则

暂时假设你们已经决定要重新建立对彼此的信任了，你们或许需要制定一些基本规则，明确双方的沟通内容与方式。例如，有一位男士曾告诉我，他会瞒着现任女友和他的前任偷偷见面并一起用餐。他声称即便分手了，前任女友仍然还是朋友，只是朋友间见面吃饭而已，并不会影响他现在的感情。然而，他的现任女友是抱着结婚生子的态度与他交往的，因此当她发现他和其中一个前任见面时，她觉得自己受到了背叛。

最后，他们制定了基本规则：男方私下不再与其他女人见面。如果要去见前女友或异性朋友，他必须向她详细描述整个过程。起初他很抗拒，因为他认为自己是独立的个体，有权自己做出决定，他不喜欢什么都向别人报备。我给他的建议是：如果想要成家，成为别人的丈夫，他就不能用单身时的思维去考虑问题。他需要站在对方的立场上，从信任的角度看待自己的行为。如果他始终向对方隐瞒这些私下的见面，会让伴侣缺乏安全感。

根据我多年的观察，许多人认为他们可以合理安排自己的生活，正常的生活与偷情两不耽误，但这样做往往会导致长期的巨大压力，最终被伴侣发现时，重大危机一触即发。

我的建议是：回归简单。偷情暧昧或许会给你带来一小时左右的短暂满足以及暂时的自我提升感，但其代价可能会更长久、更严重。在调情带来的短暂快乐与破坏感情的风险之间，我们需要权衡利弊，核心就在于：这样做值得吗？

信任感的建立需要精力的付出以及时间的沉淀。通过有效的沟通，创造或是分享双方的美好经历确实有助于建立信任，但这一切同样需要时间。

另外，信任是需要保护的。我常常问："你要如何保护你和伴侣之间的信任感？"当我们把这段感情视为自己所有，而不是用理想中的状态去要求对方时，信任便可以逐渐建立起来，因为这样我们才能真正发现什么是对双方有利的，从而做出合理的决定，而不是简单地根据自己想要什么或是什么对自己现在有好处来做决定。珍视这段感情，并将其视为保护的对象是维持感情的最佳方式。在建立彼此间的信任时，你可能会想："这个行为或这个决定会影响他吗？他会有什么感受，他会相信我吗？"信任是一个目标，它不会从天而降，而是需要努力才能实现。

倾听对方的心声

如果你希望对方告诉你最近正在做什么或是有什么计划，你还要想好如何回应他。例如，如果你希望伴侣告诉你他工作中的事情或是平时聚会的所见所闻，那么你需要安静倾听，不要中途打断。

罗杰非常嫉妒桑德拉的同事，总是质问她与同事之间的交往互动。

桑德拉当然会为自己辩解，毕竟谁都不想被质问。经过数月的争吵，最终桑德拉承认有一次出差时她喝醉了，与同事发生了关系。这让罗杰既生气又情绪低落。罗杰告诉我，这说明他的嫉妒是完全正确的。

可以预见的是，出轨暴露之后，罗杰变得更加嫉妒和焦虑了。然而，这正是他们感情的一个转折点。

桑德拉告诉他，她觉得自己进入更年期了，她发现自己变得越来越没有吸引力，最近几个月，自信心在急速下降。在过去的一年里，每次跟罗杰争吵，她都觉得彼此的距离越来越远了。她说，她知道自己做错了事，让罗杰这么失望她很愧疚，内心也很煎熬，因为他确实值得更好的。但他们并没有分手，而是以此为契机，打开了一扇新的大门。他们决定共同面对这个问题，找回曾经吸引对方的特质，修复这段感情。他们一起照顾孩子，一起做喜欢的事，同时也一起努力改善双方的生活。

我曾和罗杰讨论过，如果他想要重建信任，那么当桑德拉跟他提及与同事的交往时，他需要采取不同的回应方式。毕竟，她在商业圈工作，所以她的生活必然涉及出差，会接触到许多男性同事。如果他想让桑德拉跟他聊聊工作中的八卦或者是她商务会议上的所见所闻，他应该以平常心去对待这个话题，而不是充满敌意，甚至是攻击她，因为对桑德拉而言，她可能只是在描绘她工作的一部分。我还告诉他，既然他觉得自己的妻子很有魅力，那么其他男人可能也会这样想，因此他们对桑德拉感兴趣甚至是主动调情都是很正常的，但这并不意味着她会出轨。既然想让她相信自己，并且提及工作中的来往，他就需要更耐心地倾听她所说的话。倾听是让对方倾诉的必要条件。

　　用心倾听并不代表在听的过程中你就不会感到嫉妒了。你的感受是内在的，你完全可以保留自己的感觉，你甚至可以坦白地说："当你告诉我这件事时，我会感到嫉妒。"但不要去指责你的伴侣甚至是攻击他。哪些行为是可以接受的，哪些是不可以接受的，这都由你们双方做决定，但如果你希望对方与你谈论个人工作或社交，你必须用心倾听，这是一种尊重。倾听或倾诉都有利于信任感的建立。

关注共同目标

　　建立信任的另一种方式是把重点放在共同的目标上。不要专注于矛盾或是背叛（虽然无论如何你都会想到），尝试着专注于你们共同的价值观和目标，例如成为一对好的父母，共同制订计划以及一起进行家庭活动。从现在开始，树立你们两个人是一个团队的意识，而不是把彼此当作对手。

　　我记得有一对夫妇，他们总是把注意力放在双方有争议的事情上，然后不断争吵，双方都试图证明自己是对的，但最终都没有结果。我给他们的建议是确定一些共同的目标，即使只是一些简单的活动。我让妻子和丈夫分别写下一些想和对方分享的活动，当他们完成之后，我把他们俩罗列的内容写在了黑板上。当然，有些活动显然不可能双方都感兴趣（比如看足球比赛），但总有双方都感兴趣的活动，因此最终他们达成了共识。他们决定先尝试着去完成这些共同目标，看看进展如何。令他们惊讶的是，一旦接受了双方的不同之处，他们其实有很多共同点。

另一对处于出轨危机的夫妇发现，双方都很关心三个孩子的成长。因此，我建议他们一起多做一些有利于孩子成长的事情，例如制定家庭纪律、奖罚制度、学习时间表以及玩耍娱乐时间表。后来，他们共同决定送女儿去参加夏令营，给孩子们树立正确的价值观，锻炼他们各方面的能力，包括同情心、正直善良、自控力、团队合作等。对孩子的期望不禁让他们深思，自己该如何给孩子起到一个良好的榜样作用。当他们认识到双方这个共同目标时，他们抛下了过去种种不满与怨恨，试着更加信任对方，一起成为更称职的父母。

其实单单这最后一章就可以独立成书，但其范围远远超出了本书的主题——嫉妒。我写这本书的目的是证明有时候嫉妒是一种合理、正常的反应，或者说只是对于违反信任的适应性反应。但是嫉妒只是双方感情发展的第一步，紧接着还要建立信任的基本规则，互相倾听，建立共同的目标和价值观，将感情视为两个人的事，而不是单纯地我行我素。很显然这个过程并不简单，但也并非不可能。只有你们双方可以决定这是否有可能，当然，这需要充足的耐心和不断的努力才能得以实现。

结　语

　　这本书或许带领大家进入了嫉妒的情绪漩涡。在这本书中，嫉妒并不是一个简单的心理学术语，也不涉及任何伤自尊、不切实际的要求，我想要与大家分享和探讨的是嫉妒的普遍性，普遍到婴儿、动物乃至整个历史长河中，都能够找到嫉妒的身影。嫉妒与"亲代投资"有关，保护了基因的传递；嫉妒与"保护趋势"有关，保护了我们的家人、朋友和同事。正如圣·奥古斯丁（Saint Augustine）所说的："没有嫉妒的人从来没有爱过。"嫉妒或许会困扰你，让友情乃至亲情分崩离析，但嫉妒如诗如歌，永恒不灭。

　　嫉妒是强烈的，有时甚至是危险的，因此需要引起我们的重视。我希望你们能够明白你们并不孤单，会感到嫉妒的并非只有你一人。

经历嫉妒固然痛苦，但这却也是很重要的人生体验，因为它反映了你
生命中最核心的痛苦、困惑、恐惧甚至是仇恨。在面对嫉妒风暴的过
程中，你或许会对自己产生同情，并且也有可能会对你的伴侣产生同
情，或许这听起来很不可思议，但这正是我们需要仔细斟酌、确立目
标并且为之努力奋斗的地方。

通过整本书，你已经了解了嫉妒背后的想法（"我的伴侣对他感
兴趣"）和这些想法带来的感受（愤怒、焦虑、怨恨）之间的区别。
你也已经了解了潜在的嫉妒的想法和感受，只是在犹豫是否该采取行
动。有时候如果能够意识到自己有某一种感受，但知道自己同样有选
择权，或许就能够解放自我，就像有一根绳索想要将你拉向另一个方
向，你不必死死地拽住绳子，你可以选择放手。

我们也看到了，一旦大脑和内心被嫉妒所劫持，你会发现自己完
全被情绪所牵制，会想方设法地想要消除自己的痛苦。但在这种情况
下，我们所采取的行动可能只会让事情变得更加糟糕。这些行为，我
将其称为"策略"，指的是一系列我们认为能够控制事态、消除痛苦
的行为，包括质问、搜查、寻找线索、寻求安抚、监视、跟踪、摧毁
对方的信心、威胁分手以及离开对方等。在情绪激动时，尽管这些"策
略"似乎有所帮助，但每一个都存在着潜在的最可怕的风险——关系
的结束。

当然，所有人都有权表达自己的感受，而嫉妒的感觉是如此广泛，

以至于你会发现并不只有你一个人会感到嫉妒。此时，我们需要应对的是嫉妒所导致的担忧、抑郁以及激烈的感情冲突。我们的目的是缓和紧张的关系。前文我们已经讨论过，尽管很难，但在接受自己的感受的同时，放下嫉妒的想法和感受，对我们会有所帮助。退后一步可以为这些情绪留出空间，让我们的想法和感受并存。这种放下与接受并不意味着我们毫不在乎伴侣的所作所为。相反，这意味着我们认可自己的想法和感受，而不采取任何可能危害我们利益的行为。

当我们退后一步看待事物时，我们也可以同时反思一下自己想法的合理性。由于我们经常受控于大脑中的想法，自以为是地分析伴侣的需求，甚至是主观臆测最坏的结果，因此我们需要去验证事实是否真的如我们所想。有时候我们会带着偏见或是某个特定的方式来看待事物，或许偶尔我们是对的，但情绪的强度与认知的真实性并不成正比，实际情况还是需要进一步去分析和评估的，毕竟在大部分情况下，我们都不知道事实是什么。

我们同样也提到了内心一系列的既定规则和假设以及它们是如何满足我们的嫉妒心理的。这些假设通常来自对爱情、承诺和感情关系的完美主义渴望，包括认为伴侣永远不应该觉得别人更有吸引力，或是认为对方的过去会对现在构成威胁。在这些完美主义的驱使下，我们常常做出一些令自己后悔并且没有必要的事情。现实不可能是纯洁、完美的，人无完人，每个人都需要不断完善自我、寻求理解甚至是宽恕。每个人都有过去，包括你自己，但真正重要的是现在和未来。

　　与伴侣谈论自己的嫉妒时，要时刻记住，任何一方都希望自己能够受到尊重，也希望能够得到对方的信任。当然，在这种情况下想要发泄自己的愤怒不满，或是指责对方，是人之常情，或许对方真的做错了什么，或是对你隐瞒了某些东西，或是背叛了你的信任。但只有互相尊重和平等的对话，才能真正有助于双方达成一致，共同建立信任。

　　读完这本书，或许你会发现，原来有这么多不同的方法来看待自己的嫉妒，包括思想、感受和行为，也有许许多多不同的回应方式。面对嫉妒，没有什么万能的处理方法，因为每个人都是独一无二的，而每个人拥有的感情关系也是独一无二并且是不断变化的。我们常常希望自己的下一段感情是完美的，没有任何障碍，不用走弯路或是产生正面冲突，但任何一段完整的人生都逃不开失望、挫折。

　　人无完人，每个人都需要成长，同样，所有的感情关系也都需要一步步慢慢完善。我很喜欢"情感空间"这个比喻——仿佛两个人生活在一个拥挤的房间里，里面充满了回忆，两个人一起见证所有的变化。这是你们共同的房间，为嫉妒腾出空间可以让你们两个更好地一起生活，而你并不需要总是离家出走。

致　谢

　　这本书的成功出版离不开许多人的帮助与支持，可以说没有他们就没有这本书。首先，我想要感谢我的编辑，新先驱出版社（New Harbinger Publications）的瑞安·布莱什（Ryan Buresh），他一直是一位强有力的领导者，在本书的内容构建及其可读性上给了我非常多的建议与反馈。其次，出版社的马修·麦凯（Matthew McKay）对于我的加入也给予了热烈的欢迎，我很感激他的支持和幽默感。此外，出版社的克兰西·德雷克（Clancy Drake）、加勒·贝克威思（Caleb Beckwith）和维克拉·吉尔（Vicraj Gill）等其他编辑对细节的审核付出了很多，非常感谢他们细致周到的工作。再次，在整个创作过程中，我的研究助理迪胡·希瓦吉（Sindhu Shivaji）也为我的研究以及在编辑方面提供了许多帮助，我真诚地感谢她的付出，并衷心希望她在心理学领域能够越走越远。最后，我还要感谢我最忠实的经纪人鲍勃·迪福里奥（Bob Diforio），感谢他一直以来无条件的支持与帮助，衷心地感谢。

创作这本书时我也学习参考了诸多学者的作品。我想重点感谢以下学者，他们的作品给了我很大的启发：大卫·巴斯（David Buss）、大卫·A. 克拉克（David A. Clark）、大卫·M. 克拉克（David M. Clark）、保罗·吉尔伯特（Paul Gilbert）、史蒂夫·海斯（Steve Hayes）、史蒂芬·霍夫曼（Stefan Hofmann）、玛莎·M.莱恩汉（Marsha M. Linehan）、丹尼斯·蒂尔奇（Dennis Tirch）、阿德里安·韦尔斯（Adrian Wells）、马克·威廉姆斯（Mark Williams）和辛德尔·V. 西格尔（Zindel V. Segal）。另外，美国认知疗法研究所（http://www.cognitivetherapynyc.com）的同事也一直在背后默默地为我提供帮助，他们时刻关注着本书的进度，感谢他们的支持与耐心。

最后，我要感谢上帝将我的爱妻海伦赐予我，是她始终接受着我的不完美。我将这本书献给她及她对我的包容。

图书在版编目（CIP）数据

　　为什么嫉妒使你面目全非 /（美）罗伯特·L.莱希（Robert L. Leahy）著 朱倩倩译 . — 杭州：浙江大学出版社，2018.10

　　书名原文：The Jealousy Cure: Learn to Trust, Overcome Possessiveness & Save Your Relationship

　　ISBN 978-7-308-18490-8

　　Ⅰ.①为…　Ⅱ.①罗…②朱…　Ⅲ.①嫉妒 - 通俗读物　Ⅳ.①B842.6-49

　　中国版本图书馆 CIP 数据核字（2018）第 179096 号

THE JEALOUSY CURE: Learn to Trust, Overcome Possessiveness, and Save Your Relationship by Robert L. Leahy, Ph.D.

Copyright © 2018 by Robert L. Leahy

Published by arrangement with D4EO Literary Agency; www.d4eoliteraryagency.com through Bardon-Chinese Media Agency

Simplified Chinese translation copyright © (year)

by Hangzhou Blue Lion Cultural & Creative Co., Ltd.

ALL RIGHTS RESERVED

浙江省版权局著作权合同登记图字：11-2018-420 号

为什么嫉妒使你面目全非

［美］罗伯特·L.莱希　著　朱倩倩　译

责任编辑	杨　茜	
责任校对	於国娟	
封面设计	张志凯	
出版发行	浙江大学出版社	
	（杭州市天目山路 148 号　邮政编码 310007）	
	（网址：http://www.zjupress.com）	
排　　版	杭州中大图文设计有限公司	
印　　刷	杭州钱江彩色印务有限公司	
开　　本	880mm×1230mm　1/32	
印　　张	7.5	
字　　数	166 千	
版 印 次	2018 年 10 月第 1 版　2018 年 10 月第 1 次印刷	
书　　号	ISBN 978-7-308-18490-8	
定　　价	42.00 元	